火山とクレーターを旅する

Volcano and Crater Watching

火山と
クレーターを
旅する

白尾元理
Shirao, Motomaro

地人書館

火山とクレーターを旅する　目次

目次

本文三五ページの写真……Gabriele & Dieter Heinlein 撮影
それ以外の本文中の写真……著者撮影
カバーに使用した写真……著者撮影
カバーデザイン……森枝雄司

I

赤い大地の隕石孔

二つの衝突クレーターを訪ねて

帰路にて

もうもうと赤い挨を巻き上げて、また一台の4WDに抜かれてしまった。今見てきたばかりのゴッシズブラフの興奮がまだ醒めやらぬまま、一三〇〇CCの小型4WDは、アリススプリングスに向かって、未舗装の穴ぼこだらけの道を走っていた。そんなぼくの車を、都会ではパッとしないパジェロやランドクルーザーが、時速一〇〇キロメートル以上の猛スピードで追い抜いていく。巻き上げた赤い砂塵の中をしばらく走らなければならない。焦ってもしかたがないので、こちらはバックミラーにブルブルと震えて映る糸のように細い月と金星をちらちら眺めながら、のんびり走ることにする。

この小型4WDは、とりはずし可能なキャンバストップの屋根がついている。こうして一日中アウトバックのラフロードを走りまわっていると、その隙間から赤い砂塵が侵入してきて、髪、顔、服といたるところが赤茶色になってくる。ともかく、あと二時間ほどで、アリススプリングスに到着する。一刻も早く熱いシャワーを浴びて、ゆっくり眠りたいものだ。

今までいくつも越えてきたような小さな穴を越えた瞬間である。ボンネットが突然開き、「グワォン、ビッシン」という轟音とともに目の前が真っ暗になった。「ゴッツン」、左手に何かがぶつかった。

まわりに車は走っていない。時速七〇キロで走っていた車のブレーキをゆっくり踏み、道路の真ん中に止めた。

すでに日はとっぷり暮れ、暗くて何が起こったかはっきりわからない。手さぐりで体をさわってみると、ガラスの破片はなく、けがもないようだ。ボンネットが急に開いたためにフロントガラスに激しく衝突したらしい。後部座席の荷物の中から懐中電灯をとりだす。ボンネットを降ろすと、フロントガラスはクモの巣をはったように割れているが、飛び散ってはいない。左手にぶつかったのは、ショックではずれたバックミラーだった。

調べるとボンネットの固定クラッチが壊れているので、そのままでは再び開いてしまい走れない。頭上には、南天の天の川が空を二分するように明るく輝いているが、星空はゆったりとした気分のときに楽しむものだ。六月といえば南半球の冬で、日が暮れると冷え込みが厳しい。星空を一晩中眺めながら、ひとり空腹と寒さに震えながら過ごす気にはなれない。

「そうだ！　タコ糸があった」

ボンネットのフックとバンパーを何重にも巻いたタコ糸でなんとか縛りつけ、走りはじめたのは、午後八時を少し回っていた。再びボンネットが飛び上がらないように、ソロソロと走らせなければならない。

二時間後、ようやくアリススプリングスのオレンジ色に輝くナトリウム燈が、遠くに見えてきた。突然の思いつきではじまった一〇日あまりのオーストラリア旅行も明日で終わる。ともかく、

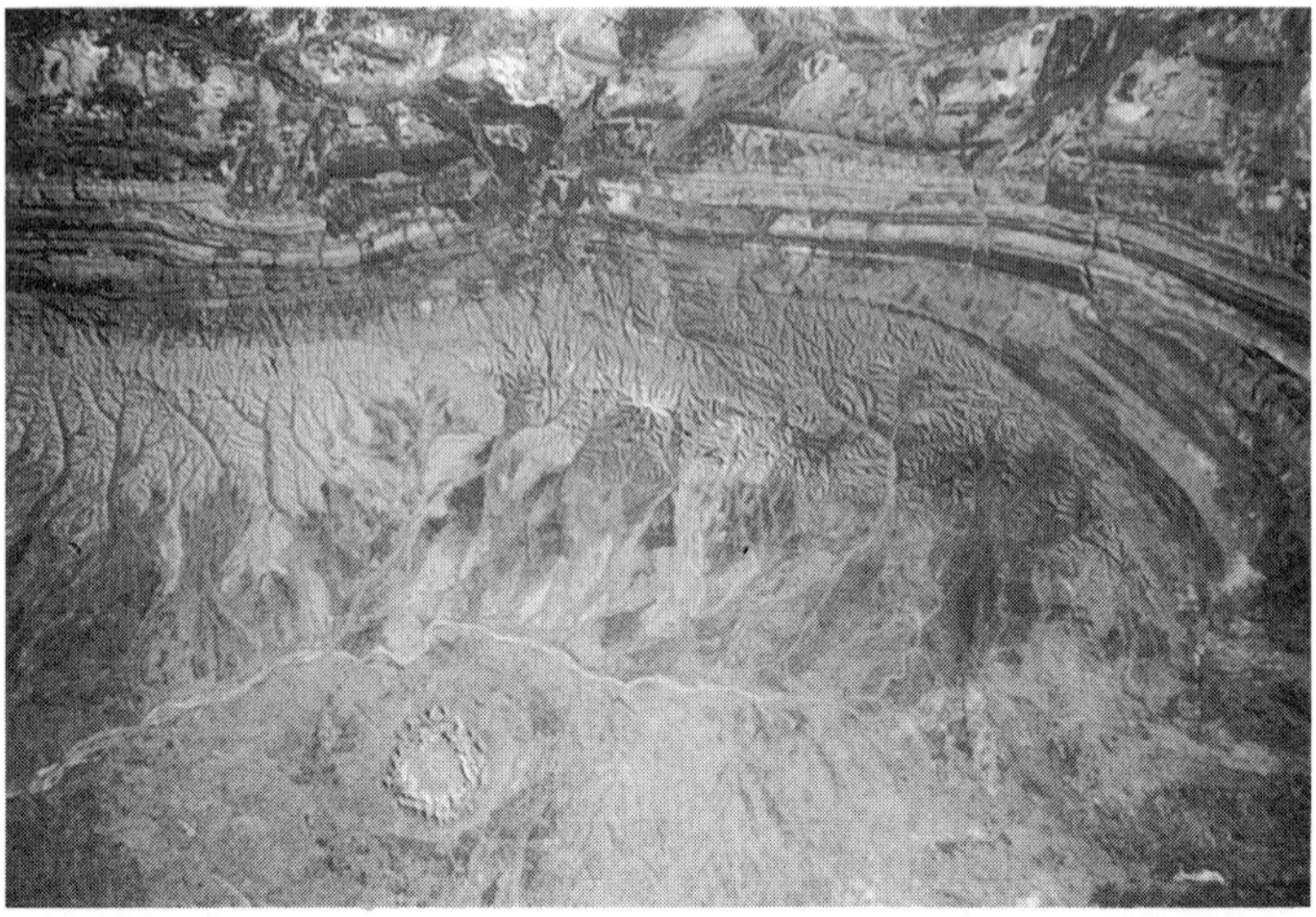

ランドサットが撮影したゴッシズブラフ（下側やや左）。直径5kmの山列は浸食されたクレーターの中央部分で、その外側にかつてのクレーター（直径22km）の輪郭がわかる。北側にあるのはマクドネル山脈。

今晩は、星空の下でなく、ベッドの中で眠ることになりそうだ。

巨大衝突クレーター

ゴッシズブラフを知ったのは、日本放送出版会刊『地球大紀行2』の表紙だった。荒野の中に突如としてそびえる環状構造はたいへん印象的だったが、写真のキャプションには「直径二二キロ、一億三〇〇〇万年前の衝突でできた」としかない。ゴッシズブラフがアリススプリングスのすぐ近くにあるのに気づいたのは、NASA刊『宇宙飛行士のための地球のクレーターガイド』という本からだ。

アリススプリングス周辺には、この他にヘンバリークレーターやエアーズロックもある。また世界でもっとも星空の美しい場所として、日本の天文ファンの南半球でのメッカにもなりつつある……。それから一か月後の一九八九年六月末、ぼくはオーストラリアに向かう機上の人となっていた。

ゴッシズブラフを訪ねる

ゴッシズブラフはアリススプリングスの西一六〇キロメートルにある直径五キロメートルの環状山列である。ぼくは、アリススプリングスで小型4WDを借り、ハーマンスブルグ経由でゴッシズブラフへ向かった。

前日の故障のため一時間も待たされて、出発したのは午前一〇時三〇分を過ぎていた。一時間も走ると舗装道路は終わり、その後はところどころに穴のあいた簡易舗装の道となる。

午後一時にハーマンスブルグに到着。人口数百人のこの町は、オーストラリア原住民アボリジニの町だ。ガソリンスタンドを兼ねた商店は、一軒しかない。アリススプリングスにいるアボリジニは、政府からの援助金がもらえるため労働意欲を失い、昼間から酒びたりであまり評判がよくない。もともとはアボリジニがのんびり暮らしていたオーストラリアに白人がやってきて、いたるところを柵で囲って自分の土地だと主張し、狭い場所にアボリジニを囲い込んでしまったところに問題があるのだが……。

そんなこともあって、この町に入ることを躊躇したが、ともかくここでガソリンを補給しなけ

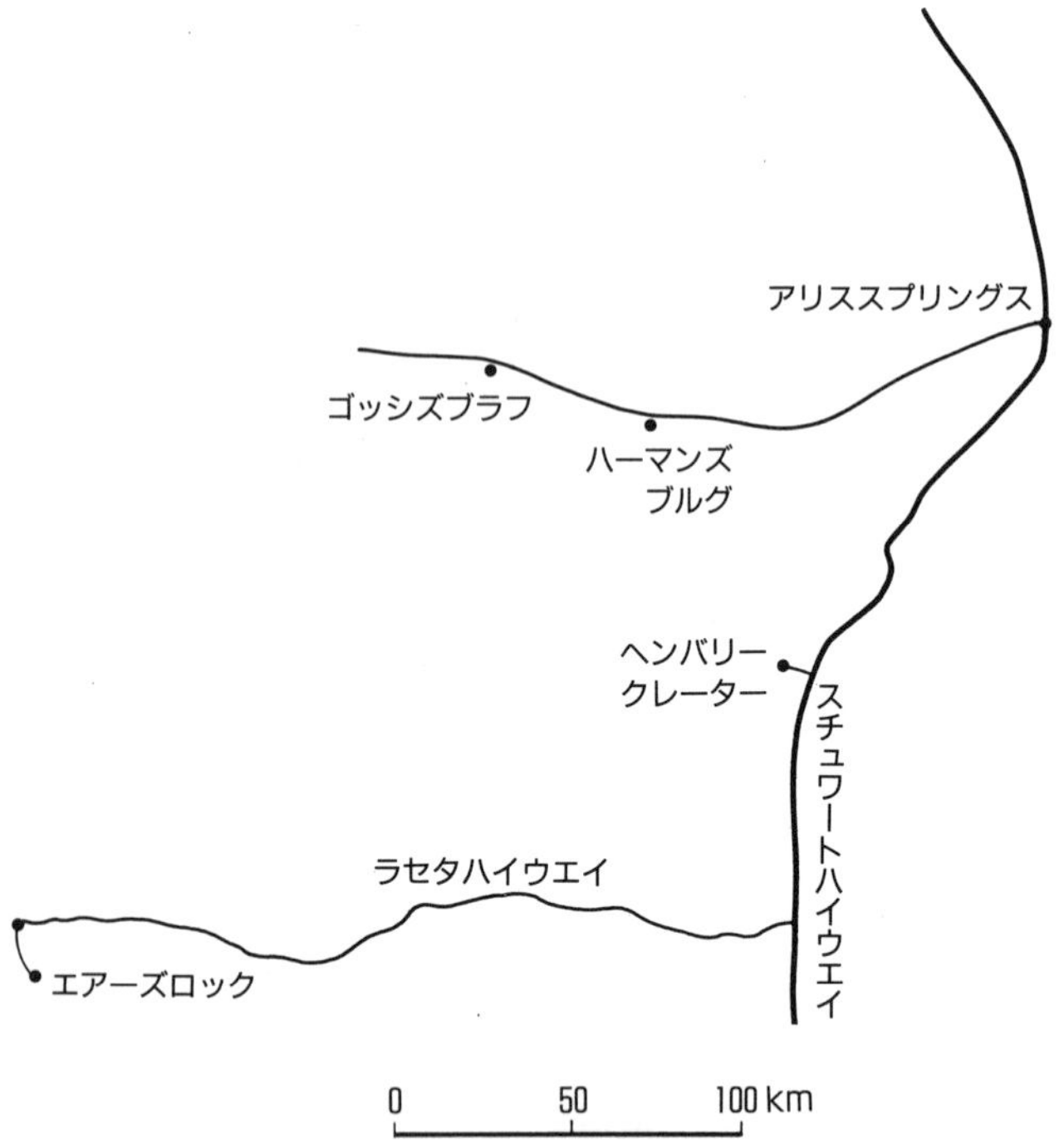

れば、ゴッシズブラフまで行って戻ってこられない。店に入ってみると、奥の修理工場から出てきたのは、油まみれの作業服を着た三〇歳ほどの白人だった。ガソリンを入れてもらい、ゴッシズブラフまでの道を尋ねると、外まで出てきて教えてくれた。

「この道をあと三〇分も行くとY字路になる。左に行けばまもなく見えてくる。なあに、わかりやすい場所さ」

この男のいう通り、三〇分も走って小丘を越えると、目の前に突然メサ（残丘）のようなゴッシズブラフが現れた。さらに道路に積

ゴッシズブラフの遠景。環状山列の高さがそろっているので、メサのように見える。

もった一〇センチばかりの赤い砂塵をかき分けるように三〇分も走ると、ようやくゴッシズブラフの麓にたどり着いた。

入口にはトレーラーハウスがあり、これ以上は肥りそうもないビール腹の髭面の大男が、こちらを不審そうな顔で見ている。車から降りて声をかけた。

「グッダイ（Good day）」

「グッダイ」

「この衝突クレーターを見にきたんだけれど、何をやっているのですか？」

「ああ、ガスの試掘をしているんだけど、もう六か月もやっているのに何も出ないから、そろそろおさらばするつもりだよ」

「ふーん。ところで、この中へは入れますか」

「ああ、まっすぐ行けば、中に入れるよ。中には道があるから自由に見られるさ」

ゴッシズブラフの近景とトラブルがあった4WDレンタカー。

髭面の大男に別れを告げ、一〇分も走るとゴッシズブラフの真ん中に立つことができた。内部はゆるやかな起伏が連続し、腰丈ほどもある半球状のとげのある草、スピニフィックスが茂っている。中央から少しはずれた低地には、錆びかかったガス試掘用の機械が転がっていた。

麓から五〇度を超える急崖が高低差二〇〇メートルの環状山列を構成し、破砕された赤茶けた砂岩や泥岩からできた地層が垂直に切り立っている。全体は断層で切られて、ブロック状になっている。

ひと通り内側を眺めた後、ようやく遅い昼食を食べはじめた。ふと足元にある小石を見ると、表面にスジをつけたようなシャターコーンがあるのに気がついた。ここでシャターコーンが発見されているのは知っていたが、これほど簡単に見つかるものだとは思っていなかった。

ゴッシズブラフのシャターコーン。毎秒数十kmという超高速で隕石が衝突したときにできる特徴的な構造で、円錐形の一部にすじをつけたような模様ができる。

よく見ると、付近にはシャターコーンのある小石が、たくさん散らばっている。スジは明瞭で、ごく最近、岩から剥離したように見える。そこで近くにある砂岩層を割れ目に沿って引き剝がしてみると、割れ目そのものがシャターコーンの一部だった。嬉々としてシャターコーンを集めていると、あっという間にもちきれないほどになってしまった。結局、形のよい三つだけをもち帰ることにした。

オーストラリアで七月初旬といえば、一年中でもっとも昼間の短い季節だ。午後四時にもなると、太陽高度は二〇度足らずとなる。環状山塊にも登りたいという未練はあったが、帰路もラフロードを何時間もドライブしなければならない。残念だがここで引き返すことにした。

泥火山か、衝突クレーターか？

ゴッシズブラフの地質をはじめて調査したのは、ブリチャードとクウィンランで、一九五六年のことだ。彼らは、比重の軽い先カンブリア時代の岩塩層がドーム状に上昇し、ゴッシズブラフができたと考えた。一九七〇年、オーストラリアのランネフトが、ゴッシズブラフは大規模な泥火山《でいかざん》で、岩塩ドームの上昇によってできたものだと考えた。岩塩ドームの項部には、石油・水・ガスなど軽い物質が濃集しやすい。これらの物質が薄い上層を突き破って噴き出したのが泥火山だ。カスピ海沿岸の泥火山では、「噴出」は激しい爆発を伴い、ガスが燃えることもある。泥火山は火山ではないが、火山の類似現象だ。

ゴッシズブラフを火山噴火でできたと考える研究者もいたが、周囲にまったく火成岩がないことから、ほとんど支持されなかった。

岩塩ドーム説が疑われはじめたのは、オーストラリア鉱物資源省のクロックやクックが詳しく調査した一九六六年頃からである。彼らは、衝突の特徴であるシャターコーン、鉱物の変形・ガラス化を、ゴッシズブラフに発見した。

ゴッシズブラフが衝突クレーターであることを決定的にしたのは、アメリカ合衆国地質調査所のミルトンらで、一九七二年のことだ。彼らは、地質に加えて、鉱物の分析、重力探査、人工地震による地下構造などを総合的に研究した。当時はアポロ計画の一環として、世界中の衝突クレーターが詳しく調査されていたことも幸いした。ミルトンらは、一億三〇〇〇万年前の衝突でできた直径二二キロメートルの衝突クレーターが浸食され、残された地下中央部がゴッシズブラフであるという結論を出した。

普通の衝突クレーターは内部が低く、外側はなだらかな裾野を引くのに対して、ゴッシズブラフは内・外に五〇度を超える急崖をなす。その原因は、ゴッシズブラフが衝突クレーターそのものではなく、直径二二キロメートルの衝突クレーター地形が、浸食によって表層部の厚さ二〇〇〇メートルがとりのぞかれ、中央部の地下構造を見せているためである。

ミルトンらはまた、シャターコーンの方向から、爆発の中心がかつての地表付近にあったこと、石英に一〇〇キロバール以上の圧力がかかった割れ目があること、人工地震のデータから直径二二キロメートルにわたって破砕され、中央部の地層は厚さ五〇〇メートル以上にもわたって盛り上がっていることを明らかにした。

現在では、固体表面をもつ惑星だけでなく、海王星の衛星にまで衝突クレーターがあることがわかっているが、わかるのはその表面地形だけにすぎない。ほとんどの惑星・衛星には大気がないので、雨や風による浸食もない。浸食によってむき出しになった地下構造まで調べられるのは、地球の衝突クレーターだけの特権である。このような地球の衝突クレーターで得られた知識を他の惑星の衝突クレーターに応用していくことによって、一九七〇年代、八〇年代に衝突クレータ

ヘンバリークレーター群の最大のクレーター。このクレーターは二つの隕石が同時に衝突したために180m×100mの楕円形をしている。

ーの理解は大いに深まったのである。

ヘンバリークレーター群

アリススプリングスの南西一二〇キロメートルにあるヘンバリークレーターは、最大直径一八〇メートルをはじめとする一三個のクレーター群だ。アリススプリングスからアデレード方向にスチュワートハイウエイを一時間半ほど南下、右折して一五分も走るとヘンバリークレーターの駐車場に着く。みやげもの屋こそないが、トイレなども完備して年間二万人以上が訪れる観光地になっている。

最初にこの地形が発見されたのは一八九九年のことである。付近に鉄の破片がたくさん散らばっていたので、当時から隕石の衝突でできたらしいと思われていた。現在までに隕鉄は合計一二〇〇キログラムも採取されており、ヘンバリー産の隕鉄はロックショップでよく見かけるほどである。

ヘンバリークレーター群は、北東‐南西に伸びた七〇〇メートルの楕円の中に分布し、最大のクレーターが北東端にある。このことは、大きな隕石が南西方向から進入し、空中分解したことを物語っている。北東端の最大のクレーター二つは、二つの隕石の同時衝突でできたもので、クレーター壁を共有している。分解した小さな隕石は、大きな隕石より空気抵抗の影響を受けやすいため、手前の南東部に落ちて小さなクレーターをつくった。解説書によると、最小のクレーターは直径七メートル、深さ一メートル足らずのはずなのだが、注意深く探してもはっきりわからなかった。ヘンバリークレーター群の形成年代は約五〇〇〇年前だが、雨や植生の多い日本なら数百年でわからなくなってしまいそうだ。

高速で地球大気に突入した直径数十メートル以下の隕石は、大気との衝突によって空中分解してしまい、隕石雨となって降りそそぎ、クレーター群をつくる。さらに、大きな隕石も空中分解するが、空気抵抗による減速がわずかなので、ほぼ同じ場所に衝突し、単一の大きなクレーターをつくる。この例が、アリゾナのメテオールクレーター（直径一・三キロメートル）である。

もちろん大気のない月や、ほとんど大気をもたない火星には、このタイプのクレーター群はない。地球の九〇倍も濃い大気をもつ金星では、より大きな隕石まで高々度で空中分解してしまうために、直径数キロメートルのクレーター群をつくる。一方、小さな隕石は途中で燃えつきてしまうため、直径数十～数百メートルの衝突クレーターは金星には存在しない。

ひとくちに衝突クレーターといっても、衝突される天体の大気の有無、表面の状態（岩石・液体・氷）などの違いによってもできる地形は違ってくるし、また、隕鉄、隕石、彗星など衝突する天体の違いによっても、空中分解する程度が異なり、その結果としてできる地形は違ってくる。

＊　＊　＊

オーストラリアは、国土の大部分が、最近数億年間の地殻変動を受けていない安定した大陸である。また、雨が少なく、植物も乏しいために、衝突クレーターは長期間にわたって残される。世界中に約二〇〇個の衝突クレーターが発見されているが、その一割がオーストラリアにあるのはこのためだ。スピニフィックスやマルガなどの灌木がまばらに生える赤い大地を巡りながら、惑星としての地球を実感した二週間の旅となった。

先日、次の旅のために、押入れの奥にしまったザックを半年ぶりに引っ張り出した。ザックの底にこびりついていた赤い砂塵に鼻を近づけると、オーストラリアのアウトバックの無機質なにおいが残っていた。

メテオールクレーター

シューメーカー博士と歩くアリゾナ隕石孔

ハワイ島から戻ってくると、ドイツの隕石研究者の友人ハインラインから一通のファックスが届いていた。ユージン・シューメーカー博士が交通事故でなくなったという知らせだった。七月一八日（一九九七年）オーストラリアのアリススプリングスの西方で、衝突クレーターの調査旅行中の事故だという。六九歳であった。

シューメーカー博士は、シューメーカー・レビー第九彗星をはじめとする数々の彗星の発見や小惑星の発見者として有名で、天文ファンの中には、天文学者と思っている人がいるかもしれない。確かに、天文学でも業績を残したが、本来は地質学者であり、アメリカ地質調査所の惑星地質部門を一九六一年に設立し、衝突クレーターの分野では、以来三〇年以上にわたって活躍を続ける第一人者であった。二年前の一九九五年秋、そのシューメーカー博士と偶然にもコロラド高原で二日間を過ごす機会があった。

＊　＊　＊

コロラド高原を渡ってきた風は、汗ばんだぼくの頬に心地よく感じられた。もう一〇月半ばで、陽もかなり傾きかけたこの時刻、例年ならば寒いぐらいなのに、今年はメキシコ湾に強力なハリケーンが居座っていたためかもしれない。

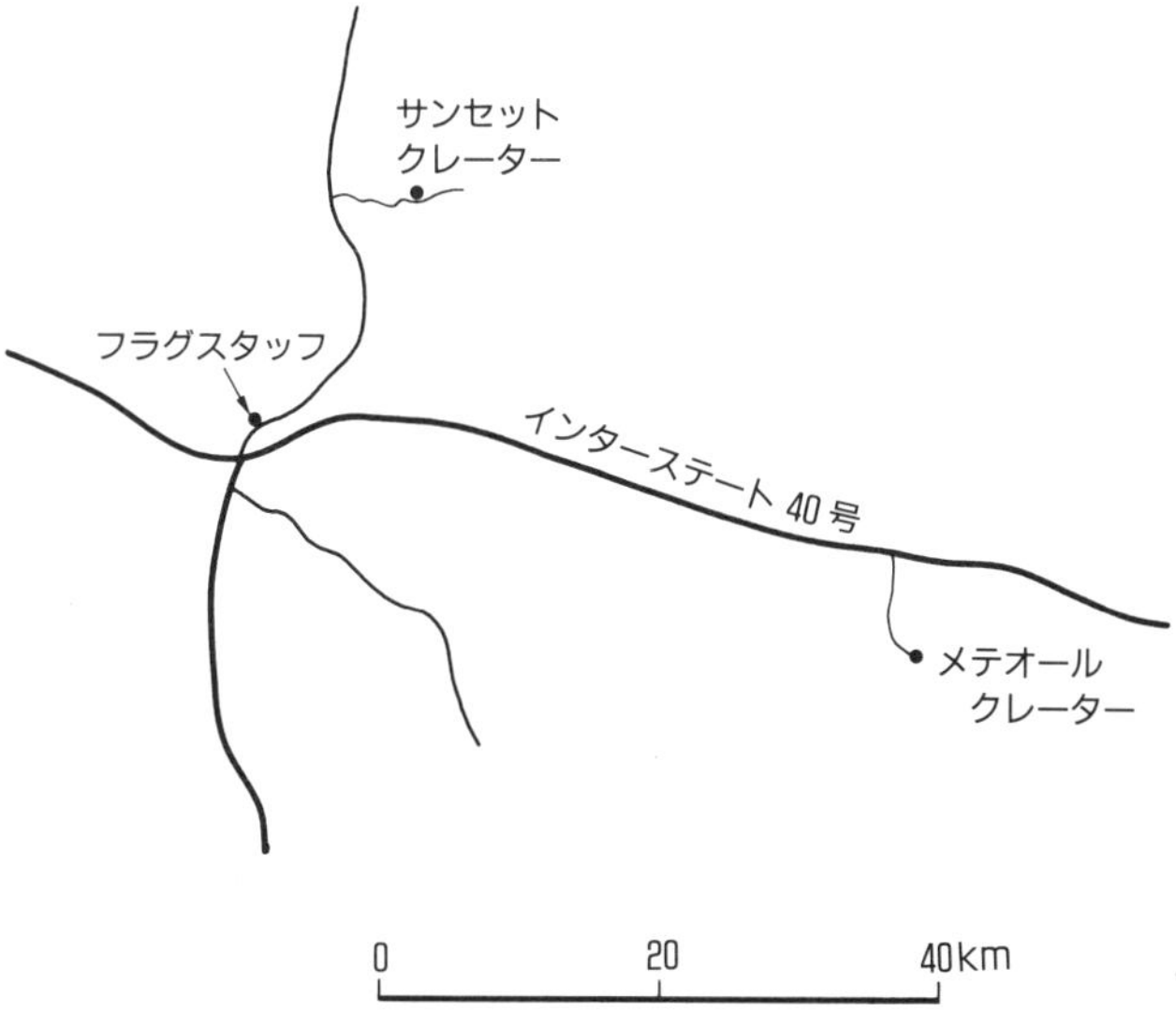

メテオールクレーターのリム（縁）まであと三〇メートルという内壁の岩棚に腰を下ろして休みながら、こんなラッキーなことが重なるなんてと考えていた。ぼくの横には、クレーターを案内してくれたばかりのシューメーカー博士が座っていたからである。

この日は、朝早くフラグスタッフの町を出た。まもなくインターステート四〇号（旧ルート六六）にのり、東に向かって一〇分も走ると、低いブッシュだけが生える単調な乾燥地帯に出る。風景といえば、テーブル状のメサがはるか前方にいくつか見えるだけ。空といえば、わずかにすじ雲が流れるだけ。おまけにまだ高度の低い太陽がまぶしい。退屈しのぎにスピードを上げて、ゆっくり走るキャンピングカーを何台か抜くうちに、メテオールクレーター入口の看板が見えてくる。インターステートを降りて一般道に入り、五分もドライブすると、クレーターのリムに立つ博物館に着く。

メテオールクレーターに来るのは、今回で四回目。最初に訪れたのは一九八七年、アリゾナ州立大学の学生の野外授業に便乗した見学で、ゆっくり見られなかったので、一か月後に再訪した。三度目は一九九一年のことである。このときはクレーターリムを一周回ってじっくり見学できたし、翌日にはフラグスタッフからセスナをチャーターして空撮もしたので、もうこのクレーターを再び訪れる機会はないだろうと思っていた。

なのに再びここを訪れたのは、もっとよい写真が撮りたくなったからである。そのために、今回は本格的なパノラマカメラ、パノンF９０も準備してきた。このカメラは、三五ミリフィルムの上下を隠して中央部だけを横長に引き伸ばす「いわゆるパノラマカメラ」ではない。三五ミリフィルムは使うが、横幅は五六ミリも使い、露出中にレンズを回転させる方式の水平画角が一二〇度もある超広角カメラである。パノンF９０ならば歪みなしに、きっとクレーターをうまく表現できるはずだ。というのは口実で、ほんとはこのクレーターに再び会いたくなったというのが本心かもしれない。

九時半に博物館に入り、クレーターの内側を展望できるデッキに出た。太陽も高く昇り、ほど

ガイドの案内を聞く参加者。

ほどの陰影をもったクレーターが撮影できそうだった。しかし、撮影ポイントを探してリムを一周する道を一〇〇メートルも歩くとロープが張ってあり、立入禁止の札がぶら下がっていた。あと一〇〇メートルも歩けば、よい撮影ポイントに立てるのにと思いながら、今度は博物館の反対側に回ると、そこにも立入禁止の札がぶら下がっていた。三年前にはクレーターリムを一周できたのに、規則が変わってしまったのだ。

そのかわりに一時間毎にガイド付ツアーがあると掲示板に記されていた。しかたがないので一一時にはじまるツアーに参加した。参加者は一五人、ほぼ以外はすべてアメリカ人のようだ。一〇歳ぐらいの子供を連れた家族連れや、七〇過ぎの老夫婦までさまざまである。ガイドは三〇歳台の小柄な男性である。

クレーターのリムに立つ見学者たちとめくれ上がったカイバブ石灰岩層。

先ほどの立入禁止のロープを越えて二〇〇メートルほど歩くとガイドは立ち止まり、メテオールクレーターの調査の歴史について話しはじめた。ぼくはこういう情況が苦手だ。アメリカ人ガイドがしゃべる話は、くだけた会話調のうえにスピードも速い。ぼくにはまったくわからない。長い説明が終わると、再び歩きだした。二〇〇メートルほど歩いて立ち止まると、今度は地層の話をはじめた。こういう話ならばぼくにもわかる。リムの上に載る巨大な石灰岩は、衝突時にクレーター内部からめくれ上がって落ちてきた岩だという。ガイドはポケットから磁石を出し、しゃがみ込んで付近の砂をかき混ぜはじめた。まもなく、磁石の先には小さな錆色の鉄片がたくさん集まった。これは、衝突した隕鉄がいったん蒸発し、まわりの岩石と混じり合って固まったメテオライトオキサイドと呼ばれるものだ。ガイドは再び歩きはじめ、一〇〇メートルほどで止まった。ここがよい撮影ポイントだという。確かに悪くないので、クレーター全景写真を数枚撮ったら、ガイドは来た道を戻りはじめた。これでツアーは終わりなのだ。

クレーターの直径は一・三キロメートルだから、リムの円周は四キロメートル、まともに歩いても約一時間かかることになる。サンダル履きの観光客もいるこのグループでは、確かに一周するのは無理だろう。早足でガイドに近づき、撮影のために東まわりの立入禁止ラインから二〇〇メートルばかり入った地点まで行けないかと尋ねた。彼は、

「それにはこの会社のオーナーの許可が必要です。事前の申請書類が必要だから、許可はすぐにはおりません」

と申し訳なさそうに答えた。はるばるやってきたのに、あと二〇〇メートルのところでよい写真が撮れないなんて、なんて運が悪いんだろう。

博物館の展示を見ながらいろいろ策をめぐらしたが、結局あきらめるしかない。時刻はすでに一時近く、博物館の一角にあるカフェテリアで食事をして帰ることにした。ぼくは窓側の席に座り、コークを飲みながらサンドイッチを食べていた。カフェテリアには何人かの先客があり、二つ先のテーブルでは三人が食事をしている。彼らは許可をもっているらしく、先ほどリムから少し降りた岩棚で一人が大声で説明をしていたことを思い出した。その説明していた男が、こちらを向いて座っている。

次の瞬間、ぼくはわが目を疑った。彼は、シューメーカー博士だったのである。直接会ったことはなかったけれど、写真は何十回と見ていた。そういえば、さっきの遠くから聞こえる専門的

な解説も、まさに地質学者の話しぶりであった。

彼は一九四八年、カリフォルニア工科大学(カリテク)で地質学を修めた。カリテクでは当時、パロマー天文台の五メートル鏡が研磨されている最中であった。アメリカ地質調査所に就職したシューメーカーは、コロラド高原でウラニウム鉱の探査を行なった。その頃、コロラド高原南東端のアメリカ空軍ホワイトサンズ実験場では、フォン・ブラウンがV5ロケットを使って、月に行くロケットを準備していた。そのような光景を目の当たりに見て、彼は自分が最初に月に立つ人になろうと決心した。もちろん、一機の人工衛星も打ち上がっていない当時としては、夢のまた夢の話である。しかし彼はこの目標に向かって進む。そして大学に戻り、一九五七年、彼はメテオールクレーターの地質研究で博士号をとる。

一九六一年五月、ケネディ大統領はソ連との冷戦状態下で国家の威信高揚の手段として「六〇年代の終わりまでにアメリカは人類を月に着陸させ、安全に帰還させる」と宣言した。時宜を得た博士は、同年アメリカ地質調査所に惑星地質部門を創設し、月への夢は近づいたように見えた。しかし六二年、肝臓の副肝腺悪化のために、月に行くチャンスは永遠に失われる。彼はアポロ宇宙飛行士の地質学の適性を調べる試験官となり、選ばれる方から選ぶ立場となった。そして六三年以降、レンジャー、サーベイヤー、ルナオービター、アポロ、クレメンタインと多くの探査機

メテオールクレーター内部に降り立つシューメーカー博士（右）と筆者。

の主任科学者を務めた。

このようにシューメーカー博士は、いわば惑星地質学の父と呼ぶにふさわしい人である。そして、今も現役としてバリバリと研究を進めている。その本人がぼくの目の前にいる。ぼくが博士の名前をはじめて聞いたのは、高校一年のもう二七年前のことである。

恥ずかしさもあって一瞬迷ったが、握手をしてもらいたいと思った。立ち上がって博士に近づき、簡単な自己紹介をした。握手をして写真を一緒に撮ってもらい、お礼を述べて去ろうとしたときである。同席の二人の男女はドイツ語で話しているので、ぼくはその年の夏、ドイツ南部の衝突クレーター、リースクレーターを訪れたことを話した。ところが偶然にも彼らはそのリースクレーター博物館の関係者であるという。立ったまま話していると、博士はこっちの席に来ないかという。ぼくは席を移った。

ドイツ人の二人は、シューメーカー博士とは前々からの知り合いのハインライン夫妻で、四年前リースクレーター博物館の開館記念に博士を招待したという。今日はそのお返しに、博士が彼ら夫妻を案内しているというわけだ。

食事を終えた博士に午後の予定を聞くと、午後も案内を続けるという。ぼくも同行してもよいかと尋ねた。しかし、答えは同じだった。事前の許可申請が必要で、それはたとえ博士に同行を得ても変わらない。

「今から許可をとるのは難しいが、やるだけやってみよう」

博士はそういって、受付のカウンターからオーナーに電話をかけた。しかし話が複雑になってきたので、オフィスに直接行って交渉することになった。

オフィスは、車で五分ほどのインターステートの出口からまもないガソリンスタンドの裏にあった。オーナーと顔馴染みの博士は、ぼくを地質研究者であると紹介してくれた。交渉の結果、カメラなしなら同行してよいことになった。メテオールクレーターに戻り、ぼくたち三人は博士の案内で、東側のリムを通ってクレーター内部に降りはじめた。

メテオールクレーターは、直径一・三キロメートル、深さ二〇〇メートルのコロラド高原にある孔である。高原というと軽井沢のような場所を連想するが、コロラド高原はユタ、アリゾナ、

空から見たメテオールクレーター。遠景の山並みはサンフランシスコピーク火山群。サンセットクレーターもこの火山群のひとつ。

コロラド、ニューメキシコの四州にまたがる標高二〇〇〇メートル〜三〇〇〇メートルの平坦な台地で、日本に匹敵する面積をもつ。平坦なのは地形ばかりでなく、それを形づくる地層も水平である。これら特徴ある地層の積み重なりは、博士にとって幸運だった。この巨大な孔があいた原因を調べるためには、どのように地層が変形しているかを調べればよかったからだ。もとの地層が水平なら、現在の地層の変形量はその事件によって生じたと結論できる。

日本では地層の大部分は傾斜し、無数の断層によって分断され、そのうえ植物や土壌によって覆われている。このため、変形の様式や程度を正確に見積もることは不可能に近い。

このクレーターが白人に発見されたのは、一八七一年のこと。付近には多数の火山があるため、このクレーターも火山起源だろうと思われていた。一八八七年、クレーター西側のダイアブロ峡谷で隕鉄が発見され、その後も周辺から続々と発見された。最大の隕鉄は四八〇キログラムで、現在メテオールクレーター博物館に展示されている。隕鉄は合計約一五トンに達し、いずれもクレーターから五キロメートル以内の場所に発見されている。

隕鉄の発見のニュースを耳にして、当時コーンビュートと呼ばれていたメテオールクレーターを最初に訪れた地質・地形学者は、アメリカ地質調査所のG・ギルバートであった。彼は、月のクレーターに興味をもち、月のクレーターは地球の火山のように列をなしていないので、隕石の衝突によってできたと考えていた。そして、地球上にも衝突クレーターがあることを証明したかったのである。ギルバート一行は、地形の計測を行ない、クレーターの孔の体積はリムの盛り上がりがつくる体積とほぼ同じであることを発見した。彼は、これほどの体積を移動させるためには、大きな隕鉄の衝突が必要だと考えた。しかし、発見されているのは小さな隕鉄ばかりである。

磁石の針も、地下に大きな隕鉄の存在を暗示するような動きはしなかった。もっとも、当時は隕石がどのくらいの速度で衝突し、どのようなメカニズムでクレーターがつくられるかもよくわかっていなかった。ギルバートは自分自身の予測に反して、「このクレーターは衝突クレーターでなく、水蒸気爆発のような噴出物を残さないタイプの火山噴火が原因でできたのだろう」と結論した。ギルバートは、アメリカ西部の地形成因論については一流の研究者であり、当時の学会での影響力も大きかった。このことが災いして、その後、メテオールクレーターは火山活動でできたという考えが一般的になってしまった。

一九〇二年、メテオールクレーターの周囲から隕鉄が見つかるという話は、フィラデルフィアの鉱山技師D・バリンジャーの耳に届いた。彼はアリゾナの銀採掘の業界では名の知れた男で、さっそく情報と隕石の破片を集め、このクレーターは巨大な隕石の衝突によってできたことを確信した。もしそうなら大量の鉄ニッケル合金が地下に埋まっているはずで、採掘すれば莫大な富が得られる。彼は、当時この土地の所有者であった合衆国政府にクレーターを含む五平方キロの土地の譲渡と鉱業権を申請し、クレーターの所有者になった。

クレーターは丸いので、隕石は中央に埋まっているに違いないとの推測から、バリンジャーの最初のボーリングはクレーターの真ん中にあけられた。しかし粉状の石英砂層にぶつかって、それ以上は進めなくなった。次の五本のボーリングは中心をはずしてあけられた。中心から八〇メートル南東の地点にあけられた五番目の孔は、上部の破砕された層を突き抜けて破砕されていない深さ三〇〇メートルにまで達した。深部は破砕されずに上部のみが破砕されているのは、地下深くからの火山噴火ではなく、隕石の衝突の結果だと考え、バリンジャーはますます隕石起源であると確信した。地質研究者は依然としてギルバートの火山説を信じていたが、この頃になると、多くの天文学者は隕石説を受け入れるようになってきた。

しかし大隕石は見つからない。バリンジャーは、泥土の標的に高速ライフル銃の弾丸を低角度で衝突させても丸い孔があくことに気づいていた。クレーター周辺の小隕石は、北東側に集中して分布している。このことから、大隕石は南西のリム付近の地下にあるのではないかと考えるようになった。一九二〇年、彼はこのアイデアにもとづいて南西のリム直下でボーリングをはじめた。しかし、一九二二年八月、四一〇メートル掘り進んで失敗した。このように試行錯誤でボーリングは繰り返されていたが、一九二九年一〇月、アメリカは大恐慌におそわれ、ボーリングを続けることは不可能になった。その数か月後、三〇年近くも大隕石の発掘に夢を賭けたバリンジャーは、フィラデルフィアの自宅で息を引き取った。

このように、メテオールクレーターが隕石孔であることは、しだいに認識されつつあったが、決定的な二つの証拠、つまり、地層の逆転構造はシューメーカー博士によって、高圧鉱物の発見は彼の共同研究者、E・チャオによってなされた。地質の論文は、記載に筆者の主観が入るのはやむをえないし、またどの場所をいかに観察して結論が得られたかということについては細かく書かれていないこともある。したがって、論文を読んだだけですべてを理解することは難しい。一番よいのは、論文筆者の案内で現地を歩いてみることだ。わからない点は、現場で質問してみればよい。場合によっては論文に書かれていない微妙なニュアンスまで伝わってくることがある。ぼくは、最高の案内者によってメテオールクレーターを歩けるということになった。リムから降りはじめたのは、アストロノーツトレイルと呼ばれる、博士がアポロ宇宙飛行士の訓練のために頻繁に通ったルートである。

メテオールクレーター付近の地層はほぼ水平で、上から順番に赤褐色のモエンコピ砂岩層（三畳紀、厚さ五メートル）、乳灰色のカイバブ石灰岩層（二畳紀、厚さ八〇メートル）、白色のココニノ砂岩層（二畳紀、厚さ二〇〇メートル）と積み重なっている。降りはじめてまもなく、博士は花びらが開いたように地層が逆転していることを示してくれた。展望台の位置からは、地層が垂直近くまで立ち上がっていることはわかっても、花びら状に逆転していることはわからないが、ベストポイントから見ると、確かにこの構造が見えてくる。しかし、ぼくの目にはリムの上に載っかったカイバブ石灰岩層が逆転しているかどうかわからない。博士にどうして逆転しているのかがわかるのかと尋ねた。

「カイバブ石灰岩層はさらに α、β、γ のメンバーに分けられるんだ。これらのメンバーはそれぞれに特徴があり、とくに α メンバーは灰色のドロマイト層が砂岩層の間に挟まれる。この組み合わせを手がかりにすると、地層が逆転していることが判定できる」

こう答えられると納得するしかない。次に、以前から疑問に思っていたことを質問した。

「モエンコピ砂岩層とココニノ砂岩層は砂漠に堆積した砂だから、陸でできたはずですね。カイバブ石灰岩層は浅い海に堆積した生物の遺骸からできていますよね。でもこのコロラド高原では、浅い海で堆積したカイバブ石灰岩層が何百キロメートルも続いている。浅い海がそんなに広がっているなんて、不思議な気がしますが？」

「モト、それはお前が日本人だからそう感じるのだ。日本は大陸の縁にあって地殻変動が活発だ。一方、コロラド高原は非常に安定した地域だ。だから、広大な砂漠であった陸地に海がゆっくり進入して石灰岩が堆積し、また海が退いて再び砂漠が広がる。何千万年もかけてそんなことがゆっくりと起きる場所なんだよ」

そういわれてもにわかには理解しがたいので、あとでゆっくり考えることにして、再び降りていく。トレイルは、クレーターの四〇度を超える急な内壁につづら折につけられており、幅は狭く、岩もごつごつしている。しかし、六〇歳半ばを過ぎた博士の足どりは軽く、ぼくたち三人は追いつくのがやっとである。クレーターの底が近づき、スロープがゆるくなってくると、さまざまな色の岩石が混じりあった角礫岩が露出していた。

「これが、クレーターができた直後に空中に打ち上げられた放出物が、再び地上に落ちてきたものだ」

と説明してくれた。

クレーターの底に着くと、眺めは一変する。ぼくたちのまわりを三六〇度とりまく岩壁。風もなく、自分たちの歩く足音だけが響く。足元には低いブッシュがまばらに生えるだけだ。まもなく、褐色に錆びたバリンジャーたちのボーリングシャフトが横たわっているクレーター底の中央部に到着する。この部分は周囲よりも数メートルほど高いゆるやかな丘となっていて、白い砂からできている。

「これが衝突時に粉砕されたココニノ砂岩層だよ」

と博士は説明した。この砂の中には、石英のほかに五%のコーサイトと、〇・五%のスティショバイトが混じっているそうだ。自然界のシリカ（SiO_2）は数種の結晶形をとるが、一般的なのは石英で、普通の岩石中に見られる。クリストバライトとトリディマイトは低圧・高温環境の産物で、火山岩に見られる。コーサイトとスティショバイトは、超高圧がかかった衝突時にのみできる鉱物である。超高圧でできるために、コーサイトは比重が二・九三、スティショバイトは比重四・三五と大きい（石英の比重は二・三）。クレーター底には、衝突時の高温で発泡した軽石も見られた。

一段低い場所には灰色の湖成層が広がっていた。メテオールクレーターができたのは、約五万年前のことである。当時は最後の氷期の真っ最中で、北アメリカ大陸北部は大氷河に覆われ、コロラド高原は、今のように乾燥していなかった。このクレーター底は、深さはわずか数メートルだけれど、湖だったのである。そういわれて地面を丹念に探すと、当時生息していた貝の殻が落ちている。また数ミリほどの黒っぽい軽石もたくさん落ちている。

「モト、これは何だと思う」

今度は博士がぼくに質問してきた。ぼくが、大学の修士課程で火山学を専攻していたと自己紹介したせいだ。幸いこの地域は何回も歩いているし、土地勘もあった。五万年より新しく噴火した火山の名前をあげればよい。

「サンセットクレーターからの軽石だと思います」

と答えたら、OKの返事が返ってきて安心した。サンセットクレーターは、フラグスタッフの北にある約一〇〇〇年前に噴火した火山で、そこからの火山灰が西風に流されて一〇〇キロメートル離れたこの場所にも積もったというわけだ。この火山は月の海と同じ玄武岩質で、そのためアポロ宇宙飛行士のトレーニングサイトにも使われた。アメリカ地質調査所の惑星地質部門がフラグスタッフにあるのも、ローウェル天文台などの研究施設が近いのに加えて、これらのよいフィールドに恵まれるという地の利があったからだ。

展望台の直下のトレイルを登りはじめた。ゆっくりではあるが、急なので息が上がる。中ほどに白っぽい角礫岩があった。博士は説明をはじめた。

「この角礫岩は、衝突で一度空中に舞いあがったココニノ層が、クレーター壁に落下し、急なために数十メートル滑り落ちたものだ」

「なぜ滑り落ちたとわかるのですか」

「一部は滑らずに残っているからさ」

そういって三〇メートル上位にある同じような角礫層を指さした。博士の頭の中には、衝突によってこのクレーターができたときのようすが、スローモーションビデオのように頭に入っているらしい。

ぼくたち四人は博物館のカフェテリアで、渇いたのどを潤した。

「もし明日時間があるなら、フラグスタッフの地質調査所のオフィスに来ないか」

と博士に誘われた。メテオールクレーターの資料等をくれるという。願ってもない機会なので、翌日の再会を約束して別れた。こんなラッキーな日は一生のうちに数えるほどしかないだろうなと考えながら、西日がまぶしいインターステート四〇号をフラグスタッフに向かった。

翌日、フラグスタッフの地質調査所で、博士と昨日の疑問点を議論したり文献を紹介したりしてもらって二時間ばかり過ごした。その後、博士と別れ、小高い丘の上にあるローウェル天文台

シューメーカー博士とキャロライン夫人。フラグスタッフのアメリカ地質調査所にて。

にいるキャロラインを訪ねた。キャロラインは、パロマーの四五センチシュミットカメラ（愛称「リトルアイ」）で撮影した二枚のフィルムによる小惑星の発見法などを実体顕微鏡を使って示してくれた。接眼鏡を覗くと、白黒が反転した彗星の像がシートフィルム上に美しく浮きあがった。

最後に博士の話題になった。先ほど博士は、溶岩に記憶されている地球磁気の変化によってサンセットクレーターの噴火の活動期間を求める方法も研究していることを紹介してくれた。ぼくはまだ興奮気味で、博士は優れた惑星地質学者・天文学者であるばかりでなく、火山地質学者としても優れていると思うと伝えた。するとキャロラインは最後に

「ジーン（博士の名前ユージンの愛称）は、優れた夫でもあるのよ」

と誇らしげに加えた。

＊　＊　＊

シューメーカー博士の死亡事故は、オーストラリア北部地方の中心地アリススプリングスから北五〇〇キロメートル、西オーストラリア州も間近の道路上で起こった。直径五キロメートルの隕石孔ゴートパドックの調査に向かう途中であった。見通しのきかないカーブが続くラフロードではあったが、出会う車もほとんどなく、夫妻の長い旅行経験の中でも、もっとも事故の起こりそうもない場所であった。しかし事故は起きた。彼らの乗った車はカーブから現れた対向車と正面衝突し、ジーンは車の中で即死だった。通りがかりの人の通報によって救急飛行機が呼び寄せられ、骨折で重傷のキャロラインと対向車のドライバーは四時間後にはアリススプリングス病院に収容された。キャロラインによれば「どちらの車にも過失のない、やむない事故」であったという。キャロラインは順調に回復し、八月上旬、フラグスタッフの自宅に戻っている。

世界中には約二〇〇個の衝突クレーターが発見されているが、これらの大部分は卓状地と呼ばれる一〇億年以上前にできた陸地に分布している。これは、期間が長いほど小天体が衝突する確率が高くなるからである。日本に隕石孔が見つからない理由の一つは、地表の年代が平均五〇〇〇万年以下ときわめて若いためだ。アメリカ合衆国やカナダ東部には広大な卓状地が広がるが、この地域の衝突クレーターは一九六〇～七〇年代に研究が進んだ。一方、オーストラリアの衝突クレーターは、研究者が少ないせいもあって、ほとんど手つかずのまま残っていた。

七、八月のパロマー天文台は、西側にあるサンディエゴやロサンゼルスのスモッグや光害の影響を受けて、小惑星探査には不向きなシーズンとなる。ところが、この時期は夏が暑いオーストラリアの冬となり、フィールドワークには最適となる。この時期を利用してシューメーカー夫妻は、一九八一年からオーストラリアの本格的な衝突クレーター調査をはじめた。今回の事故も、この調査中の出来事だった。

月の表面には多数のクレーターがあるが、その大部分は三〇億年以上前のものである。もちろん新しいクレーターもあるが、岩石をもち帰って放射年代を測定できなかったので正確な年代はわからない。つまり、月のクレーターからは三〇億年前から現在まで、どのくらいの割合で衝突が起こったかを調べることはできない。一方地球では、大部分の地表は三〇億年よりも新しい。衝突クレーターの数は少ないが、衝突クレーターを見つけ、年代を測れば、過去三〇億年間の衝突の頻度を調べることができる。衝突にはスパイク状に集中する時期があるのか、それとも平均的なのか。六五〇〇万年前の恐竜絶滅は、ユカタン半島のチクシュラブクレーター（直径一七〇キロメートル）が原因とされているが、他の時期の大量絶滅を引き起こした衝突クレーターは見つかっていない。オーストラリアは乾燥しているので、古い地形もよく保存されており、過去三〇億年間の地球への衝突史を調べるために打ってつけの場所であった。

シューメーカー博士は、一九七三年からパロマー天文台の四五センチシュミットカメラでパロマー地球接近小惑星・彗星探査をはじめた。地球に衝突する可能性のある小天体の現在数を求めるのが目的であった。三人の子育てが一段落したキャロラインも、一九八〇年からこの探査を手伝うようになった。地上での衝突クレーター探査とパロマーの小天体探査の二つの探査によって、過去三〇億年から現在までの地球への衝突頻度を正確に推定することができる。これによって将来、地球に大災害を引き起こす小天体の危険性を予知できる。

一方、火星や金星、木星の衛星の表面年代は、単位面積あたりのクレーター数（クレーター密度）から推定している。つまり、地球や月の年代ごとのクレーター数に、惑星ごとの大気濃度、重力、衝突速度、衝突物質の占める小惑星と彗星との割合などを補正することによって、年代を求めるという方法だ。地球での最近三〇億年のデータを使って、火星や金星、木星型惑星の衛星の表面年代を求めようとするのもシューメーカー博士のもくろみだった。天文学と地質学、一見まったく別々のことをやっているように見えるが、博士にとっては一つの目標に向かって二つの最良の方法を選んだにすぎなかった。

アメリカにいる博士は多忙を極めた。そんな博士にとって、複雑化した現代社会を離れたオーストラリアの荒野で、必要最低限の装備を４ＷＤに載せてキャロラインと二人だけで行なう隕石孔調査は、しばし心安らぐときであった。キャロラインによると、ジーンの死は大きなショックであるけれども、たぶんシューメーカー博士自身にとってはよい死に方だろうと次のように語っている。

「ジーンは、たいへん気に入っていたオーストラリアという土地で、四六年間連れ添った私と共に、世間に煩わされることなしに心置きなくフィールドワークを楽しんでいた。そしてあっという間に死ぬことができた」

いつかは死を迎えなければならないのは、人間の宿命である。そう考えると、確かに突然の死ではあったが、幸福な死であったかもしれない。やり残した仕事は、博士が育てた若き研究者たちが引き継いでくれるだろう。

若き研究者たちからは「惑星地質学の神様」と尊敬され、同僚たちからは「スーパージーン」という愛称で呼ばれたシューメーカー博士。あの高らかな笑い声はもうなく、優しい眼差しを再び見ることはできない。

Ⅱ

噴火を続けるクラカタウの島々

インドネシアの火山を訪ねる

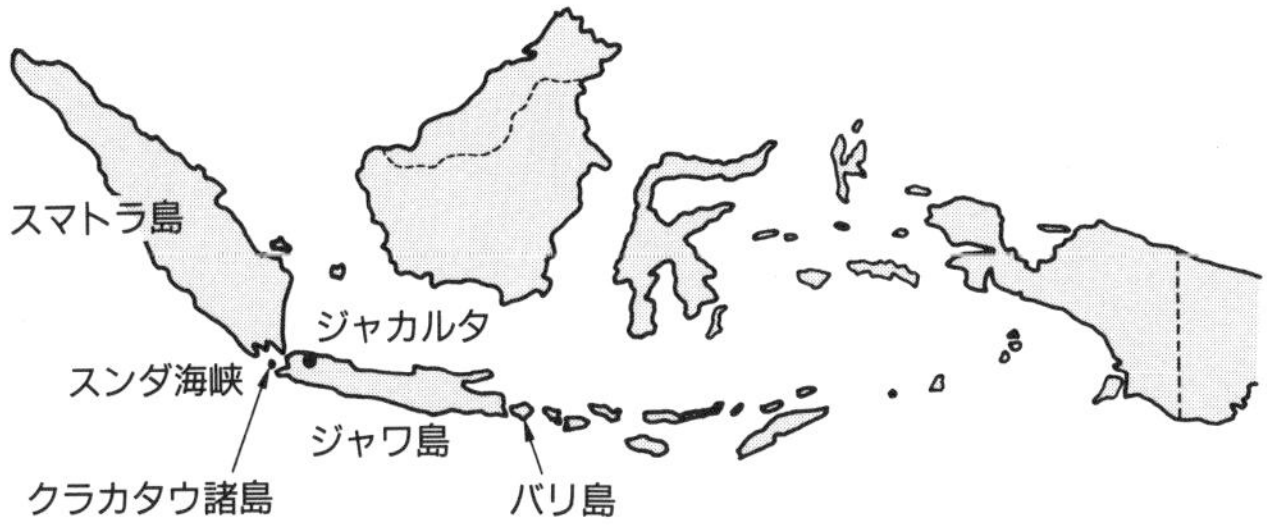

インドネシアは東西四〇〇〇キロメートルにわたって火山の連なる火山国だ。最近四〇〇年間の火山災害の犠牲者は一五万人で、世界全体の二分の一を占める。このようなインドネシアの火山研究者と交流を深め、また、かつて災害を起こした火山を一通り巡検しようという催し（日本・インドネシア火山ワークショップ一九九三）が、一九九三年六月に約一〇日間の日程で行なわれた。巡検は、ジャワ島のジャカルタを起点として東に進み、ガルングン、メラピ、ケルート、ブロモ等の火山を見て、最後はバリ島のアグン・バツール火山で終わった。

ぼくは日本に帰る二〇人の参加者とバリ島のデンパサール空港で別れ、さらに一〇日間インドネシアに滞在した。わずか一〇日間で北海道から中部地方までの火山をどのくらい見られるかを想像すれば、同じ距離を移動したぼくたちのそれまでの巡検が必ずしも十分でなかったことがわかるだろう。また、写真撮影を目的としているぼくには、天候や太陽光線の好条件を待つためにも時間をかけることが必要であった。バリ島に二日、メラピ火山に三日、ブロモ火山に三日、再び滞在する予定で、都合がつけば現在噴火中のアナク・クラカタウ火山に行こうと考えていた。

空路か、海路か

メラピ火山南麓の古都ジョクジャカルタから約一時間の飛行でジャカルタのスカルノ・ハッタン国際空港に到着したのは、六月二九日午後一時過ぎだった。二日後の七月一日深夜には、日本

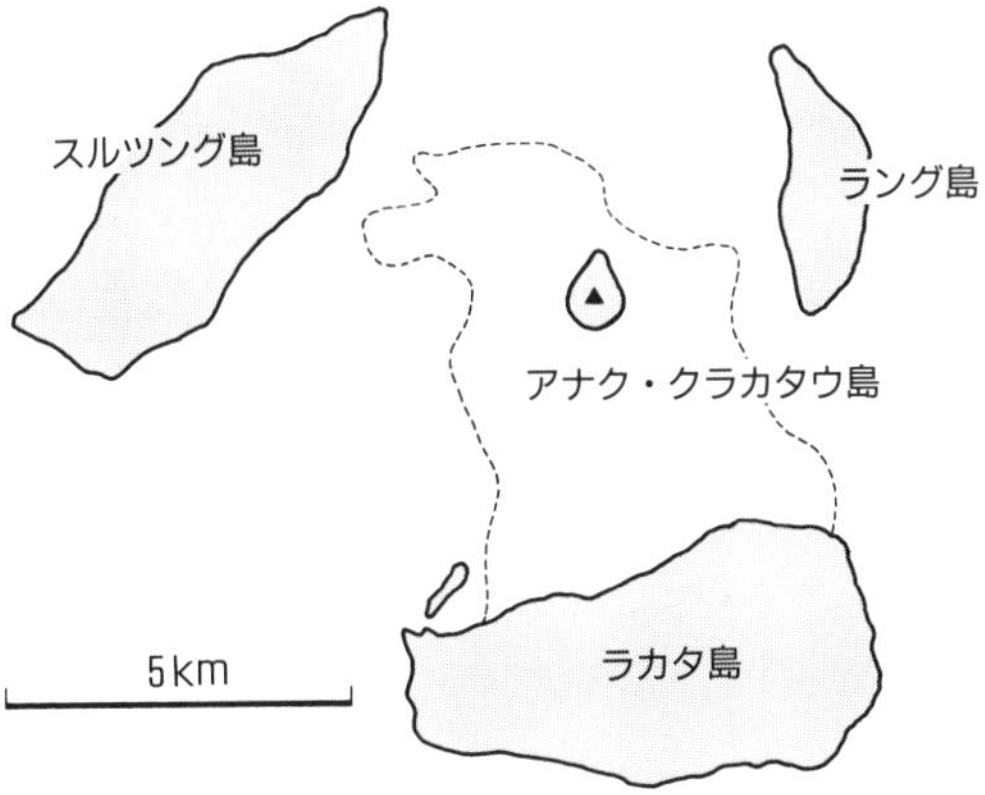

クラカタウ諸島。破線は1883年の大噴火で失われた部分。

へ帰る飛行機に乗っていなければならない。ジャカルタの西一五〇キロメートルにあるスンダ海峡の火山島、アナク・クラカタウ火山に行くには、小型飛行機のチャーター以外に選択の余地はないと思った。

ところが、空港のインフォメーションカウンターで電話してもらった旅行会社では、六人乗りの小型機しかないという。時間あたりのチャーター料は九〇〇米ドル。クラカタウ諸島への往復は二時間、それだけで一八〇〇ドルもかかってしまい、とても払える金額ではない。食い下がると、電話の向こうの男は、船はどうかという。船でも日帰りは可能で、日帰りなら六〇〇米ドル、一泊二日なら八〇〇米ドルだという。安くはないが、クラカタウ諸島を見るチャンスなどそう簡単には巡ってこない。

ワナウィサット・ツアー・アンド・トラベルというその旅行全社に打ち合わせのため出向くと、オフィスの奥から電話の声の主であるマネージャー、リスワント氏がやってきた。まず、アナク・クラカタウ火山は現在噴火中なので上陸できず、沿岸からの観察だけになることを伝えられた。このことはぼくも事前に承知していた。それより心配なのは、船でのクラカタウ諸島行きにはスマトラ森林自然保護局の許可が必要なことだ。

クラカタウ諸島はウジャンクロン国立公園に属している。この地域は、一八八三年の大噴火で壊滅状態となった動植物の回復を研究するためにクラカタウ科学保護地域に指定されており、スマトラ森林自然保護局によって管理されている。このため、クラカタウ諸島に近づいたり上陸するためには、スマトラ森林自然保護局の許可が必要なのだ。日本でこの種の許可をもらうには時間がかかる。心配するぼくに向かって彼は、

「書類をファックスで送れば、許可は今日中にとれますから」

という。住所氏名等を記入した用紙、顔写真一枚、パスポートのコピーを提出し、さらに、「クラカタウ諸島近辺においていかなる事故が起きようとも、その責任はすべて私自身にあることに同意します」とインドネシア語と英語で書かれた契約書にサインし、手続きを済ました。ジャカルタを明日八時に出発、船中一泊二日の旅となる。

クラカタウ諸島へ

予想外の豪華クルーザー、アメリア号。

ジャカルタでの交通渋滞、食料の買い出し、昼食などに手間どってしまい、出港地であるジャワ島西端の小村カリタに到着したのは正午を過ぎていた。桟橋には三隻のクルーザーが停泊している。リスワント氏は一番大きなクルーザーを指して、

「あれがお前の乗るクルーザーだ」

という。アメリア号という名のこのクルーザーは、長さ一五メートル、幅四メートルもあり、小型の漁船を想像していたぼくにとっては意外だった。デッキを降りるとキッチンが、その奥には左右に二段ベッドがある。乗り込むのは船長とアシスタント二人、それに旅行会社のガイドと食事係の合計五人。彼らがぼくとともに、クラカタウ諸島に向かうのだ。人件費の高い日本では考えにくいことだが、インドネシアで一億八〇〇〇万人の人々が生活するためには、一つの仕事に対してこのように多くの

人々が働くのが当たり前だし、好都合なことも多い。他の国ではおそらく体験できないこのような豪華な船旅に対してなら、八〇〇ドルの出費もリーズナブルに思えてきた。

午後一時一〇分出航。巡航速度一五ノット、二時間半でクラカタウ諸島に到着の予定だ。海は静かで、船はほとんど揺れない。薄雲を通して弱々しい陽光が射してはいるが、三〇分もすると視程が悪くて陸が見えなくなった。

出発して一時間五〇分、ようやくクラカタウ諸島の一つ、ラカタ島がぼんやりと見えてきた。やがてラカタ島の奥に、噴煙のないアナク・クラカタウ島が姿を現す。しばらくするとポッと黒い噴煙を上げるのが見え、安心した。

インドネシア語でアナクは息子、つまりアナク・クラカタウとはクラカタウの息子という意味だ。アナク・クラカタウ火山は一九二七年に海中から出現した新しい火山島である。今回の四年ぶりの噴火は、一九九二年一一月からはじまり、九二年一一月、九三年二月と四月には溶岩を流している。降り積もる噴石によって、島の最高点はこの半年で一九九メートルから二八〇メートルに増加している。まさに成長期の火山だ。

火山研究者にとってこのように噴火中の火山を目撃できることは幸運なことで、噴火を目撃してその美しさの虜になり、火山研究者になる人さえ少なくない（地震学者にはこのような話を聞かない）。噴火は短時間で終わってしまうものが多いし、長時間噴火を続ける火山でも簡単には近

噴煙を上げるアナク・クラカタウ火山とラカタ島（遠景）。

づけない場合が多い。現在噴火を続けている火山は世界中で約三〇で、実際に近づけるのはその半数以下だろう。噴火にはさまざまな個性があるので、なるべく多くの噴火を見てやろうというのが火山研究者の習性である。

一八八三年の巨大噴火

しかし、この海峡が火山研究者を魅了するのは、アナク・クラカタウ火山の存在ではなく、むしろ一一〇年前の大事件のためである。ここには以前クラカタウという島があったが、一八八三年八月二六日夜～二七日朝の大噴火で島の北側三分の二が消失した（五五ページの地図参照）。このとき発生した大津波は、対岸のジャワ島やスマトラ島の海抜三五メートルの地域までも襲い、約三万五〇〇〇人が溺死した。大噴火の四四年後、旧クラカタウ島の中心の海域から出現したのがアナク・クラカタウ火山である。

一八八三年当時のインドネシアはオランダの植民地で、スンダ海峡はコーヒー、サトウキビ、藍等の貿易船で賑わっていた。対岸の交易都市から晴れた日には、クラカタウ島が遠望できた。このような観測条件に恵まれた場所で有史以来屈指の大噴火が起きたことは、〝火山学〟にとっては幸運であった。当時のマスコミは噴火のようすを詳細に報告し(もちろん玉石混淆であるが)、多数の写真記録を残したし、二年後の一八八五年には、オランダの地質学者ヴェビークが四九五ページの大部な報告書を出版している。

噴火のようすは、軽石と火山灰がガスと混合して流れる火砕流だった。高さ四〇キロメートルの噴煙柱が重力的に崩れ落ちて火砕流となり、四方八方に広がったらしい。大量の火砕物質が海に突っ込んだために、破局的な大津波が発生した。海に突っ込んだ火砕流の軽い部分は海上を北に三〇キロメートルも突っ走り、スマトラ南部沿岸にも押し寄せた。このため、津波による溺死者三万五〇〇〇人とは別に、約一〇〇〇人が火傷や呼吸困難で死亡している。

噴出物の体積は二〇立方キロメートルである。雲仙普賢岳が一九九一年以降二年間に噴出したマグマの約一〇〇倍のマグマが、わずか数時間で噴出したといえば、この噴火のすさまじさの一端がわかるだろう。大噴火と区別するため、ここでは噴出物一〇立方キロメートル以上の噴火を巨大噴火と呼ぶことにしよう。

大量のマグマを地表に噴出したので地下のマグマだまりが空洞となり、天井部が陥没して直径六キロメートルのカルデラができた。このような巨大噴火によって生じるカルデラは、この噴火にちなんで「クラカタウ型カルデラ」と名づけられている。地質学的なタイムスケールで見ると、このような巨大噴火はまれなことではなく、日本でも最近二〇〇万年間に数十回も起こっている。しかし、歴史時代に限れば、クラカタウを超える巨大噴火は、インドネシアのスンバワ島にあるタンボラ火山一八一五年の巨大噴火（噴出物総量一五〇立方キロメートル、犠牲者は史上最高の九万人）だけである。タンボラ火山は僻地にあり、また、詳細な噴火記録を残すためには科学技術の進歩はまだ不十分であった。

歴史時代以前の多数の巨大噴火では詳細な噴火記録は残っていないし、一方、詳細な噴火記録の残された歴史時代の巨大噴火は二、三例しかない。その貴重な例の一つがクラカタウ火山というわけだ。このような場所で詳細な噴火記録と噴火堆積物を対比し、堆積物の鑑定能力を高めていけば、歴史時代以前の巨大噴火についても当時の噴火のようすをありありと再現できるはずである。このような事例を増やせば、将来どのような大噴火が起きるかについても有力な情報となる。日本でもわずか六三〇〇年前、薩摩半島の南方五〇キロメートルの鬼界カルデラで噴出物総量一六〇立方キロメートルの巨大火砕流噴火が起こり、海を渡った火砕流が薩摩・大隅半島を襲っているので、他人ごとではない。大噴火の一〇〇周年にあたる一九八三年前後からクラカタウ火山は熱心に研究されており、最近では海底部分の調査も進んでいる。

アナク・クラカタウ火山の昼と夜

バーン、バーンという破裂音で目を覚まし、セミオープンの操縦室から上半身を起こす。火口から噴きあげられて落ちてきたばかりの灼熱した岩片で山頂部が赤くなっているのが、寝ぼけ眼に映る。数分もすると輝きはしだいに失われていく。

船上ではカメラを固定できず、夜の写真撮影はまったくのお手上げとなる。こうなってしまえばかえって気軽である。ゆっくりと船上から夜の噴火を眺めるだけだ。そんな理由で昨晩、アメリア号は東風による波浪を避けてラング島のすぐ西側に停泊した。夕食後、ねっとりとした夜風が心地よい操縦室にごろんとなって、三キロメートル沖にあるアナク・クラカタウ火山の噴火を楽しんでいるうちにいつのまにか寝込んでしまったようだ。相変わらず噴火は数分間隔で繰り返すが、ぼくを目覚めさせるような破裂音を伴う噴火は一時間に一回ぐらいで、眼に映る暗赤色のアナク・クラカタウ火山は夢見心地だ。他の明かりといえば、スマトラ島からやってきた数隻の小型漁船の漁火と、わずかな雲間からときどき見え隠れする明るい南天の星々だけだ。

翌朝は晴れていた。ようやく青空をバックにした噴煙の写真が撮れる。アメリア号を日差しとは直交する位置まで移動させ、噴火するのを待つ。高さ五〇〇メートル以上の噴煙を上げるかと思えば、一〇分以上も静かなときもある。撮影時間よりも待ち時間の方がはるかに長い。

実はこの二週間前の六月一三日、アナク・クラカタウ島でアメリカ人観光客が死亡している。彼は仲間五人と島に上陸した。岸から噴火のようすを眺めていると、何ごとも起こらない。それではと山頂の火口縁まで登ったところで、大きな噴火に遭い、噴石で頭に重傷をおった。無線で救援のヘリコプターを頼もうとしたが連絡がつかず、船でジャワ島への帰途中、死亡したという。

一時間に一回程度のやや大きな噴火では、七合目まで一〇センチ大の噴石が大量に落下し、砂ぼこりを上げているのが双眼鏡で見える。岸から数百メートル離れた海上へは、噴石が上がると同時にジェット機のエンジン音のようなゴゥーッという唸り声が聞こえてくる。もし、あと一時間火山を眺めていれば、彼らは山頂に登ることを断念しただろう。事故は思いがけなく起こるものだ。

帰路へ

時間のかかるぼくの撮影で手持無沙汰な乗組員は、リールから針を垂らして釣りをはじめた。体長二〇センチほどの金目鯛のような魚がよくかかる。獲物はさっそくぼくたちの朝食となった。

午前一〇時二〇分、撮影には太陽が高くなりすぎたので、アメリア号を動かす。まだ見残していたラカタ島の北岸に沿って船を進めた。この島はかつてのクラカタウ島の残骸だ。岸までの距

1883年噴火の火砕流堆積物でできた高さ40mの小島。ラカタ島に隣接しており、p.59の写真の右端にも写っている。

離は一〇〇メートル以上あったが、高さ八〇〇メートルの垂直の火山断面がぼくたちに覆いかぶさるようにそびえている。水平方向に広がった数十枚の溶岩を、無数の岩脈が貫いている。この大断面には、一八八三年噴火前の数万年間のクラカタウ火山の噴火史が刻まれている。ラカタ島の西側に回ると、旧火山体の上に厚さ五〇メートルの火砕流物質が堆積している。火山灰の中に人頭大の軽石が雑然とばらまかれている堆積物のようすが双眼鏡では手に取るようだ。この噴火の軽石は周辺海域を広く覆い、噴火後数年間、幅数キロメートルの浮島となって、インド洋を航行する船の進路を妨げた。その間には津波で連れ去られた多数の遺体が挟まれていたという。

そんなことを思いながら、ぼくたちはクラカタウ諸島をあとにした。

神の山「オルドイニョ・レンガイ」

黒い溶岩を流す不思議な火山

アフリカ大地溝帯（リフトバレー）は、紅海からケニア、タンザニアを経てモザンビークにいたる全長四〇〇〇キロメートルにも及ぶ地球の裂け目である。この裂け目は数千万年後にアフリカ大陸を分裂させ、新たな海洋が誕生する。このような場所では、沈み込み帯の火山とは違った火山が見られる。そんな火山をいつか見てみたい。

一九九七年六月、学会で会った林信太郎さん（秋田大学教育学部）と雑談するうちに、「そろそろ行きましょうか」ということになった。実は、数年前から数人で行く話はあったのだが、人数が多くなるとそれぞれの日程を調整するのが大変になり、のびのびになっていた。それならば二人で行ってしまおうというわけだ。林信太郎さんは、火山岩石学と火山地質学の専門家である。一九九〇年にはアフリカでもっとも活発な火山、ニヤムラギラ火山（コンゴ）にも学術調査隊のメンバーとして参加しているなど、アフリカの経験も豊富で、頼りになるパートナーである。

今回の日程は一九九七年一〇月七日から二二日までの一六日間、主な目的地は、タンザニア北部のキリマンジャロとオルドイニョ・レンガイである。アフリカの最高峰キリマンジャロは、歴史時代の噴火記録こそないが、りっぱな活火山である。一方のオルドイニョ・レンガイ（標高二八九〇メートル）は、リフトバレー内にそびえる円錐形の美しい火山で、「神の山」（マサイ語でレンガイは神、オルドイニョは山）と呼ばれてきた。この火山は、カーボナタイトと呼ばれる特殊な溶岩を流す火山として火山学者に注目されてきた。

キリマンジャロは、毎年一万人以上が登山し、ガイドブックにも詳しい情報が載っているので問題はない。あとは体力勝負である。困ったのはオルドイニョ・レンガイである。ガイドブックのたぐいは一切ない。タンザニアの二〇〇万分の一の地図を見ると、キリマンジャロの西一七〇キロに位置し、その裾野までは点線の道がついている。わずかな情報は、月刊科学雑誌『Ｇｅｏ』一九九四年四月号に載った一六ページのオルドイニョ・レンガイの記事である。記事中には九時間かかって登頂したとある。周囲の高度は一二〇〇メートル、山頂クレーターの高度は二六〇〇メートルだから、標高差は一四〇〇メートルとなる。登山道の情況はわからないが、ともかく一日がかりならば登れそうだ。

オルドイニョ・レンガイまでのアクセスは、アフリカ専門の旅行会社道祖神に相談した。やはり餅は餅屋である。現地の提携旅行会社に連絡して、一週間後にはレンガイ登山のガイドまで含めた周到なスケジュールを用意してくれた。

＊　＊　＊

一九九七年一〇月一五日午後四時、タンザニア北部の高原の町、アルーシャを出発してから六

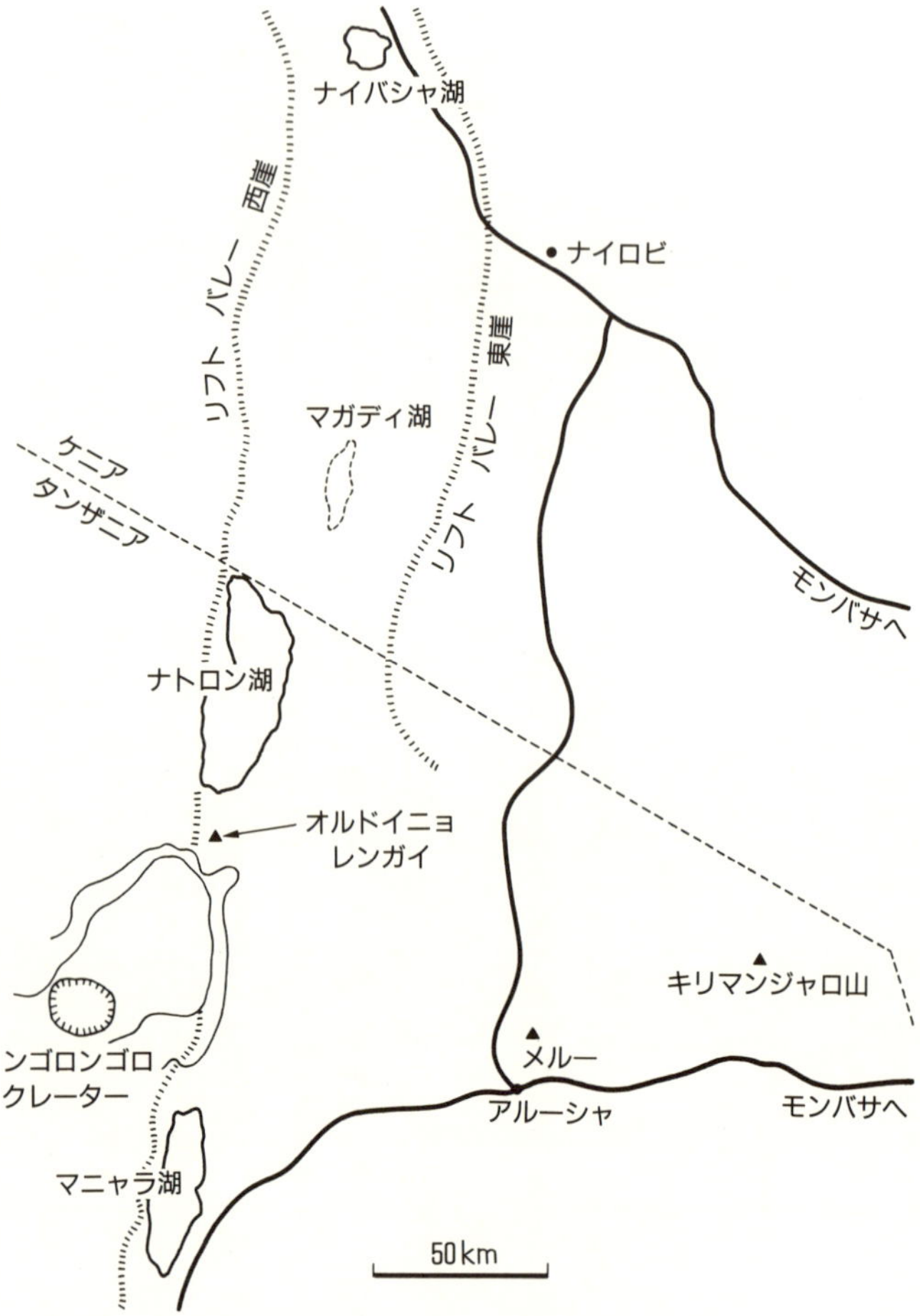
ナイバシャ湖
リフトバレー西崖
ナイロビ
リフトバレー東崖
マガディ湖
ケニア
タンザニア
モンバサへ
ナトロン湖
オルドイニョ
レンガイ
ンゴロンゴロ
クレーター
キリマンジャロ山
メルー
アルーシャ
モンバサへ
マニャラ湖
50km

時間、ようやくナトロン湖岸のキャンプ場に着いた。キャンプ場は一〇〇メートル四方の石積みの塀で囲まれており、中央には食堂棟と管理棟、まわりには二〇張ばかりのテントがある。ここはリフトバレーの西崖の裾野からの湧き水を利用したキャンプ場である。テントは木製の床の上に立てられた家型テントで、内部には二つのベッド、前にはテーブルと椅子、後方にはシャワーが設けられた半恒久的な施設だ。三キロメートル北にはナトロン湖がある。ナトロン湖は、雨季になると数十万羽もの紅フラミンゴがやってくることで有名で、それを見るために多くのヨーロッパ人が訪れる。そのための宿泊施設なのだが、季節はずれの一〇月は宿泊客は十数名しかいない。オルドイニョ・レンガイはこのキャンプ場の一〇キロ南にあり、登山基地としてもうってつけの場所である。

夕食後の午後八時、現地ガイドとの初顔合わせで明日からの日程を打ち合わせる。やってきた現地ガイドの名前はブロ、歳は三〇代半ば、細身長身の黒人で、英語がしゃべれるただ一人のガイドらしい。登山の目的を説明し、時間配分を相談、装備などをチェックする。山頂一泊二日の登山となる。

翌一六日、午前四時半起床、五時朝食。六時、まだ暗いうちに人と荷物を満載したランドローバーで出発。四〇分後、道が細くなって車ではこれ以上進めなくなる。標高一四一〇メートル、ここからは徒歩の登山がはじまる。

メンバーは、ぼくたち二人にガイドのプロ、ポーター五人の合計八人である。ポーターが五人もいるのは贅沢なような気もするが、彼らは四人用のテント二張、ぼくたちの荷物、食料・燃料の薪、水など合計七〇キロの荷物を運ぶ。ともかく、ぼくたちがレンガイに登頂しなければ話ははじまらない。そのためには、荷物はポーターにまかせるに限る。また、現金収入の少ないタンザニアでは、ガイドやポーターを雇って現地にお金を落とすことによって社会が成り立っているのだと、割り切って考えた方がよい。

七時一五分、ぼくたちはプロのあとについてゆるい坂道を登りはじめる。天気は薄曇り、ようやく空が明るくなってきた。高度が高くなった分だけ、早朝のひんやりとした空気が気持ちよい。乾季の終わりも近づき、道の両脇にはライオンポーと呼ばれる丸い実をつけた草や、穂をつけたススキのような草が立ち枯れ、山麓は褐色のジュウタンを敷き詰めたようだ。その中を想像していたよりもしっかりした登山道が続いている。

高度二〇〇〇メートルを超える頃になると、斜面は急になり、むき出しの地表が現れる。道跡はなくなり、溝状の斜面をプロが道を選びながらジグザグに登っていく。すでにリフトバレーの西崖よりも高くなっている。はるか山頂にはメサ状の巨岩がどっしりと構えている。

今回はキリマンジャロ登頂後、二日休んでこの登山である。正直なところ、ぼくは登山が得意ではない。日本では夏山しか登らないし、それもせいぜい二泊山小屋泊まり程度である。脚を上げると大腿部にはまだ疲れが残っている。一方、キリマンジャロでは調子の悪かった林さんは、プロのすぐ後ろについて快調だ。ぼくは遅れないようについていくのがやっとで、まだまだ長いこれから先が心配だ。

二度目の休憩では、重くて背負いにくいテントをもったポーター二人はすっかり遅れて、もう姿は見えない。彼らが追いつくまでしばらく休むことにして、プロにいろいろと尋ねてみる。

「日本人を案内したことがありますか」

意外な答えが返ってきた。

「若い日本女性一人を、日帰り登山で案内したことがあります」

いったい何が目的で女一人だけで、この山に登ったのだろう。日本人女性の中にも猛者がいるものだ。プロがガイドをしていて印象的だったのは、傭兵のような男だったという。傭兵とは戦争のプロだ。彼は、駆けるように登り、駆けるように下ったという。プロも、平地を駆けるように軽快な足取りで斜面を降りるが、その彼もかなわなかったという。ぼくはそのときまでは、傭兵という言葉さえ知らなかったが、世界中にはいろいろな人がいるものだ。

高度二三〇〇メートルを超えると、足下にあるのが普通の火山岩でないことがわかる。クリーム色で妙に明るいのだ。どうやら山頂火口からあふれだしたカーボナタイト溶岩が固まったもの

山頂から見たクレーターの全景。後方右側にはナトロン湖、左側にはリフトバレー西崖が見える。

らしい。風化しているためか、柔らかくなって土を踏んでいるようで、思いのほか登りやすい。斜面がきつく、息が上がっているだけに助かる。

午前一一時四五分、ようやく山頂クレーターの縁に到着。目の前の崖下には直径四〇〇メートルのクレーターが広がり、中央には高さ十数メートルの尖塔がいくつも並んでいる。汗を乾かしながら、腰を下ろして休息する。実は、この山頂にたどり着けるかどうか心配だったのは、前出の『Ｇｅｏ』の記事に次のような記述があったからである。

「オル・ドイニョ・レンガイの登りを想像できるかね。まるで崖だよ、あすこは……」

「この二〇年間で二〇〇〇以上も火山に登ったんだが、あの山ほど大変なところはなかったね。……脆い火山灰が足下からつぎつぎと崩れていく……」

確かにたいへんではあったが、重い荷物はポーターにまかせてあるし、登りの困難さも富士山の登山を三割増しにした程度である。雑誌の記事は、事実を誇張したり、省略したりしてあるので、鵜呑みにしすぎてはいけない。

遅れたポーターたちの姿はまだ見えない。今朝、キャンプ場で受けとったサンドイッチを頬張りながら、目の前に広がる光景をひとつひとつ確かめていく。クレーター底は風化したカーボナタイトで覆われているので白っぽく、黒っぽい玄武岩や安山岩の火山に慣れたぼくたちの目には、やけに明るく感じる。中央の白い尖塔の脇から、わずかに黒いものが広がっている。耳を澄ます。

「ゴボッ、ゴボッ」

かすかに音が聞こえる。思わず、林さんと目を合わせる。

「噴火しているんじゃない！」

ブロに「噴火か」と尋ねると、「そうらしい」という返事が返ってくる。

「一年に五〇回ほどこの山に登るが、そのうち一五回ぐらいは噴火しているよ」

オルドイニョ・レンガイの詳細な噴火記録は残されていない。小規模噴火は山頂クレーター内で起こるので、ときどき登る火山学者が報告をするだけだ。登った火山学者が噴火を目撃する確率はかなり高いので、実は、ぼくも林さんも噴火していることを期待していたのだが、それをいってしまうと運が逃げてしまうようなので、お互いに黙っていたのだ。

オルドイニョ・レンガイが有名なのは、カーボナタイトと呼ばれる特殊な溶岩を流しているからである。溶岩といえば赤く輝くのが普通だが、カーボナタイト溶岩は黒く、泥水のようにさらさら流れる。カーボナタイト溶岩が黒いのは、温度が五〇〇℃~六〇〇℃で、普通のケイ酸塩溶岩が八〇〇℃~一一〇〇℃であるのに比べると、はるかに低温のためである。では、なぜこのような低温なのに溶岩が溶けているのだろう。その理由は組成にある。

普通のケイ酸塩溶岩には四〇~七〇%もシリカ（SiO_2）が含まれる。たとえば、玄武岩溶岩には約五〇%のシリカが含まれる。しかし、カーボナタイト溶岩ではシリカがわずか〇・一%しかなく、代わりに大量のナトリウム、カルシウム、二酸化炭素が含まれる。カーボナタイトは地層中からは見つかっていた。しかし、溶岩として噴火しているのが最初に目撃されたのは、一九六〇年イギリスの地質学者ドーソンがオルドイニョ・レンガイの山頂に登ったときである。このとき以来、オルドイニョ・レンガイは世界で唯一カーボナタイト溶岩を流す火山として、一躍注目を浴びることになった。

一九五〇年代までカーボナタイトは、普通のマグマが地下にある石灰岩を溶かし込んで地上に噴出したものではないかと考えられていた。しかし一九七〇年以降、実験岩石学の進歩によって、アフリカ大地溝帯のような場所で地下に二酸化炭素が多いと、マグマはシリカに富んだケイ酸塩マグマとシリカに乏しいカーボナタイトマグマに分離することがわかってきた。このカーボナタイトマグマが地表に噴き出したのが、オルドイニョ・レンガイの黒い溶岩なのである。オルドイニョ・レンガイは三七万年前に誕生した火山で、実際にも両方のマグマを噴出している。火山体の大部分はケイ酸塩マグマの噴出物によってできており、カーボナタイトマグマの活動が盛んなのは最近一〇〇〇年間のことである。

さて、噴出中は真っ黒なカーボナタイト溶岩も、停止して数時間もするとしだいに灰色に変わっていく。ということは、目の前の溶岩は噴出中か噴火直後ということである。このことを確かめるために、三〇メートルほど下のクレーター底に向かって降りてゆく。クレーター底は白色～乳白色～灰色の風化したカーボナタイトで、噴出してからの経過時間によって微妙に色合いが異なる。二〇〇メートルほど歩くと、黒いカーボナタイト溶岩の縁に着く。厚さは一〇センチほどしかない。確かに動いている。広がった末端は毎秒数センチのスピードでゆっくりと広がっている。溶岩の縁に沿って噴出口に向かう。固まった溶岩の中央にできた流路を、溶岩が勢いよく流れていく。噴出口は、高さ二メートルほどの小高い丘で、そこからシャンペンのように泡立ちながらカーボナタイト溶岩が吐き出される。においはなく、シュワシュワという音だけが耳に残る。一〇メートルほど泡立ちながら流れると内部のガスが抜けてしまい、しばらくは泥水のようにさらさらと流れるが、末端ではコールタールのようにねっとりと黒光りした液体となる。先端が固まってしまうと、後続の流れが新たな流路をつくって流れる。このようにして樹木状の流路がつくられる。

ひととおり眺め終えると、今度は南側にある山頂に登ってみる。二〇分ほどかけて山頂に着くと、眼下にクレーター全体が一望できる。クレーターの北側にある灰色の溶岩は、数日〜一〇日ぐらい前に流れたものだろうか。遠方にはリフトバレーの西壁が、北方にはナトロン湖が霞んで見える。クレーター内に目をやると、尖塔のてっぺんからカーボナタイト溶岩のしぶきが間欠的に吐き出されている。しばらく眺めてクレーター底に戻る。林さんは歩測で溶岩の広がりや流出速度を測るので忙しい。

まだ三時である。今度はブロにモデルになってもらい、流れている溶岩の脇に立っての撮影だ。登山の最中のブロは、長袖シャツ、長ズボン、登山靴という格好だ。これではモデルとしては面白くない。昨晩の打ち合わせで、そのとき着ていた民俗衣装をもってくるように頼んでおいた。赤いマントを体に巻きつけ、革のサンダルを履き、木製のステッキをもち、広がりつつある溶岩

流動中のカーボナタイト溶岩。厚さは15cm以下で非常に薄い。

流の脇や尖塔の横に立ってもらう。細身長身のプロは、マサイ族の戦士のような精悍さで、なかなか絵になる。このように人物を入れて撮影するのは、あとから写真を見る人が溶岩の厚さや尖塔の大きさを理解しやすいようにするためである。どうせなら、民族色豊かな方が楽しい。プロには三〇分間、モデルを務めてもらった。

撮影が終わって林さんのところに行くと、コッフェルを使って流路からカーボナタイト溶岩をすくいあげている最中だった。すくいあげた溶岩を、平らな地面に少しずつ流してペレットをつくっている。火山研究者仲間へのおみやげ作りだそうだ。ケイ酸塩の溶岩ではこんなことはできない。ケイ酸塩の溶岩は一〇〇〇℃を超える

おみやげ用にカーボナタイト溶岩のペレットをつくる林信太郎さん。

高温なので、熱くてこのようにすくえないし、また、粘りけが大きいのでコッフェルの中に流し込めない。林さんにコッフェルを借りてぼくもやってみる。最初の二回は失敗したが、三回目からうまくいって、ぼくもおみやげのためにペレットを一〇個つくった。

陽が傾きはじめ、テントの設営場所を決めるときがきた。ブロは、クレーター壁のすぐ傍が風が弱くてよいというが、林さんは納得しない。二酸化炭素中毒の危険があるからだ。実はこの年、八甲田山の火山地帯で二酸化炭素ガスが原因で訓練中の自衛隊員が三人死亡している。ましてレンガイのカーボナタイト溶岩は、大量の二酸化炭素ガスを含んでいるので、確かに危険だ。結局テントは、クレーター壁が低くなった風の通り道に設営することになっ

クレーターの縁に立てたテント。後方の黒いものは流動中のカーボナタイト溶岩。

た。

午後五時半には夕食である。夕食はコック係のポーターがつくってくれるので、ぼくたちは楽だ。タンザニアはイギリスの植民地だったので、外国人に対してはイギリス式の食事が出てくる。彼らは薪を使って上手に焚き火をつくる。夕食は、バター付トースト、ハム入りエッグ、紅茶というメニューだった。決して豪華ではないが、カーボナタイト噴火を目撃しながら、ゆったりとした食事ができるのはなんと素晴らしいことなのだろう。どうやらぼくたち二人は「カーボナタイト噴火を目撃した日本人初の火山研究者」でもあるらしい。

夕食を終えると、まもなく陽は沈んだ。フィールドノートやフィルムの整理をして、マットとシュラフを広げて寝る準備をする。西空の夕焼けが色褪せた頃、東の空に満月が昇ってきた。夕方から吹きはじめた風が、強さを増してくる。強風が、ぼくたちのテントを変形させる。テントフレームのポールがしなる。布地がバタバタと風をはらんで、シュラフの中にいるぼくたちにも繰り返し迫ってくる。テントフレームが折れないか心配だ。しかし、一五分もすると林さんのいびきが聞こえてくる。大したものだ。そう思っているうちに、いつの間にか眠りに落ちてしまった。

パタパタという音で目が覚めた。時計を見ると九時半を過ぎていた。満月がテントを照らして、テント内部もうっすらと明るい。小便をしに外に出る。満月は頭上に昇り、雲一つなく、煌々《こうこう》とクレーター内部を照らしている。いくつもの尖塔が、巨人のように浮かびあがる。東の空にはオリオン、おうし、ぎょしゃなどの星座が昇っている。南東の空にはシリウスが、その南にはカノープスが低く輝いている。オルドイニョ・レンガイの位置は南緯三度で、ほぼ赤道上といってもよい。ここでは地平線上の南北を軸として夜空は回転する。尖塔を前景にして、垂直に昇る星々を撮れたらよいのだが、この強風ではぼくの軽量な三脚はブレてしまう。残念ながらあきらめるしかない。そのかわり、この目にしっかり焼きつけておこう。

テントに戻ると林さんが起きていた。二人で噴出口を見に行くことにする。月明かりで、懐中電灯なしで歩けるほど明るい。昼間と同じ噴出口から、相変わらずカーボナタイト溶岩は噴出しているが、輝きはほとんどない。注意深く見ると、噴出口から五メートルぐらいのところまで赤黒い光を鈍く放っている。やはり溶岩は、オレンジ色に輝いている方が楽しい。

目覚めると、すでに外は明るくなっていた。暖かいシュラフの中でうとうとしているのは気持ちがよい。今日は、ゆっくりと下って山麓のキャンプ場に戻るだけだ。さて、下山まではどのように過ごすかをぼんやりと考える。しばらくするとテントの外から朝食ができたと声がかかる。勇気を出してシュラフから抜け出し、テントを開けて外に出る。ほとんど無風だが冷え込んでいるので、ゴアテックスのパーカー上下を身につける。天頂は快晴だが、リフトバレーの崖上には雲がかかり、まだ雲だけが朝日に照らされている。雲の上には満月が残る。

トーストを食べ、紅茶を飲んでいると、クレーター壁の向こうから太陽が顔を出す。テントの撤収はポーターがやってくれるので、ぼくたちは、昨日のカーボナタイト溶岩の噴出口を見に行く。だが、そこからの噴出はすでに止まっていた。噴出口のすぐ近くに手をつけてもそれほど熱くないので、夜中過ぎには噴火が止まったのだろう。

残念に思って尖塔の反対側に回ると、そこに新しい噴出口ができていた。直径三メートルぐらいのプールになっており、そこから直径数十センチの大きなあぶくが、風船が破裂するようにはじけている。プールの低くなった一端から溶岩が流れ出している。まだあまり広がってはいないので、つい数十分前から噴火がはじまったようだ。見ているうちに溶岩は何十メートルも流れている。カーボナタイト溶岩の形態は、ケイ酸塩の溶岩とよく似ている。パホイホイ溶岩のように

勢いよくカーボナタイト溶岩を吐き出す噴出口。

滑らかな表面をもつものもあれば、ガサガサの平板状のクリンカーに覆われたアア溶岩のようなものもある。溶岩の溝をつくってその中を流れているのも似ている。しかし決定的に違うのは、そのスケールである。カーボナタイト溶岩は厚さが一〇センチ以下しかなく、溝の幅もわずか数十センチ、いずれもケイ酸塩溶岩の数十分の一しかない。カーボナタイト溶岩を見ていると、自分が巨人になったような錯覚をしてしまう。

カーボナタイト溶岩に慣れてくると、いろいろとアングルを変えて撮影をしたくなってくる。溶岩の流れる溝は狭いので、注意すればまたいで撮影することもできる。また、溶岩流全体の幅も狭いところでは一メートル以下なので、飛び越すこともできる。

午前九時過ぎ、荷造りが終わったポーターたちも、カーボナタイト溶岩見物にやってきた。ガイドを頼んでオルドイニョ・レンガイに登る登山者は、ほとんどは日帰りである。そのため普通はガイドと登山者だけで、ポーターは必要がない。そのため専門のポーターはおらず、今回のポーターもにわかポーターである。一番若い一五歳ぐらいのポーターは、昨晩食堂でウエイターをやっていた少年だ。彼はもちろん登山靴などもっているはずもなく、黒い紳士用の革靴を履いて登りはじめたのを見て、びっくりしてしまったぐらいだ。彼にとっては、今回が生まれてはじめてのレンガイ登山だったのかもしれない。そういうわけで、彼らも好奇心一杯で仲間と笑いながらカーボナタイト溶岩見物をしている。そのうちの一人が、流れているカーボナタイト溶岩にオシッコをひっかけて仲間にからかわれている。

撮影の時間も残り少なくなってきた。カーボナタイト溶岩は流れて一〇分もすると固まってくる。ぼくは撮影のために、固まったばかりの溶岩を乗り越えて反対側に渡ろうとした。「パキッ」、そのとき表面の薄板を踏み抜いて、溶けている溶岩の上に乗ってしまった。幅数メートルある溶岩の真ん中だったので、どちらかに逃げるしかない。飛び跳ねながら向こう岸に渡ろうとするが、乗っかった場所の表面が次々と割れる。飛び跳ねたカーボナタイトのしぶきが靴とオーバーパンツにかかる。ようやく数歩飛び跳ねたところで向こう岸にたどり着いた。

オルドイニョ・レンガイ火山の遠景。後方はリフトバレーの西崖。

溶岩の厚さが五センチ程度だったので、沈まずにすんだが、かなりきわどい体験をした。右靴のナイロン地は数か所が溶けて穴があいてしまっている。幸い内側まで溶けなかったので、足は大丈夫である。温度は低いといっても五〇〇℃以上もあり、溶けたアスファルトよりも高温なことを忘れかけていた。買ったばかりの軽登山靴に穴をあけてしまったのは残念だが、けががなかったのを不幸中の幸いとしなければならない。もし、これがケイ酸塩の溶岩ならば、足一本を失っていても不思議はないのだ。そろそろ引き際なのかもしれない。

ブロたちは、すでにクレーター縁上で、ぼくたちが来るのを待っている。陽はようやく高く昇り、暑くなってきたのでゴアテックスのパーカー上下を脱ぐ。クレーター壁に登り、もう一度クレーターを振り返る。今世紀のオルドイニョ・レンガイは、現在のような十数年間のカーボナタイト溶岩の断続的な流出期、数か月間の爆発的な灰噴火期、一〇年程度の休止期、という噴火パターンを繰り返してきた。現在は、一九八三年にはじまった断続的な溶岩流出期にあたる。そう考えると、爆発的な灰噴火が起こり、カーボナタイト溶岩の噴火が終わってしまうのも、近い将来のことかもしれない。いよいよお別れの時だ。さようなら、オルドイニョ・レンガイ。

地中海のかがり火

ストロンボリ火山

ストロンボリ島は、シシリー島の北にある直径五キロメートルほどの小さな火山島だ。この島の中央部にストロンボリ火山（標高九一八メートル）がそびえている。

ストロンボリ火山を世界的に有名にしているのは、溶岩のしぶきを数分から数時間おきに噴きあげるストロンボリ式噴火を繰り返しているためである。ストロンボリ火山は、このような噴火をローマ時代の紀元前五世紀から（記録には残っていないがおそらくそれよりもずっと前から）飽きることなく繰り返している。夜空を赤く染めるその噴火は、数十キロメートル先を航海する船からもよい道しるべとなったため、地中海のかがり火と呼ばれてきた。いつも立ち昇っている白煙が風向を知らせるためだろうか、古代人はストロンボリ島を風の女神、アエオロスの住みかだと考えていた。これにちなんで付近の島々には、エオリエ諸島（風の諸島）という素敵な名前がついている。

世界中には約七〇〇の活火山があるが、活火山といってもいつも噴火しているわけではなく、その大部分は数十年に一回活動期を迎え、数か月間、噴火するにすぎない。ところが、ストロンボリ火山は二五〇〇年間以上も数十分ごとの噴火を繰り返している。おまけにストロンボリ式噴火は爆発力が弱いので、数百メートル離れていれば危険は少ない。このようにいつでも噴火が見られる火山は数少ない。

＊　＊　＊

一九九八年六月末、ぼくは林信太郎さん（秋田大学）とストロンボリ島を訪れた。ひとあし先にぼくはエーゲ海に浮かぶ火山島サントリニ島を見たあと、シシリー島カターニアで合流した。その後、シシリー島のエトナ火山（標高三三二三メートル）、ブルカノ島、ストロンボリ島を経て、最後にナポリ郊外のベスビオ火山を巡る予定である。

イタリアには火山が多い。歴史時代の噴火を振り返っても、ポンペイの町を埋めたベスビオ火山の西暦七九年の噴火は有名で、ここには一八四一年、世界最初の火山観測所がつくられた。シシリー島のエトナ火山は、数年ごとに溶岩を流出させて「地中海のハワイ」とも呼ばれている。ストロンボリ島の南にはブルカノ島がある。そこのブルカノ火山も一九世紀までは、多量の軽石、火山弾、火山灰をまき散らす爆発的な噴火を繰り返していた。そのため、このような爆発的な噴火はブルカノ式噴火と呼ばれているくらいである。今回はこのようなイタリアの火山を一気に見ておこうというのが、ぼくたちの計画である。

六月二五日一二時前、ぼくたちの乗った高速船は島北部の町ストロンボリに着いた。りっぱな港を想像していたが、桟橋が一つあるだけで待合室もない。今回は男の二人旅ということで、宿は決めていなかった。といっても参考資料がなくては心細いので、ホームページ、ストロンボリ・オン・ライン（http://www.educeth.ch/stromboli/index-e.html）を頼りに、ストロンボリ島滞在の大ざっぱな予定は立ててきた。宿は、一九九八年四月に発行されたばかりの『火山島を行く』（写真・文 吉本光郎、平凡社）に登場するパークホテルと勝手に決め込んでいた。港にいるみやげもの売りのお兄さんに尋ねると、携帯電話でホテルに連絡をとってくれる。一〇分ほど待つと、迎えのオート三輪がやってきた。海岸沿いの道を数分も走るとパークホテルに着く。

ホテルといっても、斜面を利用した二階建ての部屋数三〇ほどの質素な建物である。フロントにはホテルの女主人がいた。吉本さんの本では「イタリア人女性にしては胸が薄いのが難点だが、目鼻立ちがくっきりしていて、ノーブル」と形容されていた女性だ。確かに胸は薄かったが、ダイアナカットのよく似合う、すらりとした素敵な中年女性だった。ぼくたちが三泊を希望すると、「明日から団体が来るけど、なんとか調整しましょう」といって、部屋を準備してくれた。

階段の多い通路には、手入れの行き届いたブーゲンビリアなどの花々が植えられている。部屋の窓からは、海が見える。海岸の砂が黒いのは、安山岩と玄武岩でできた島のためである。砂浜では子供たちが母親と戯れている。沖にはストロンボリッキオ島が鉛筆を立てたように浮かんでいる。まだ夏休みに入っていないためか、観光客は多くないが、それでもこれから迎える夏に向かって、町全体が活気に満ちている。

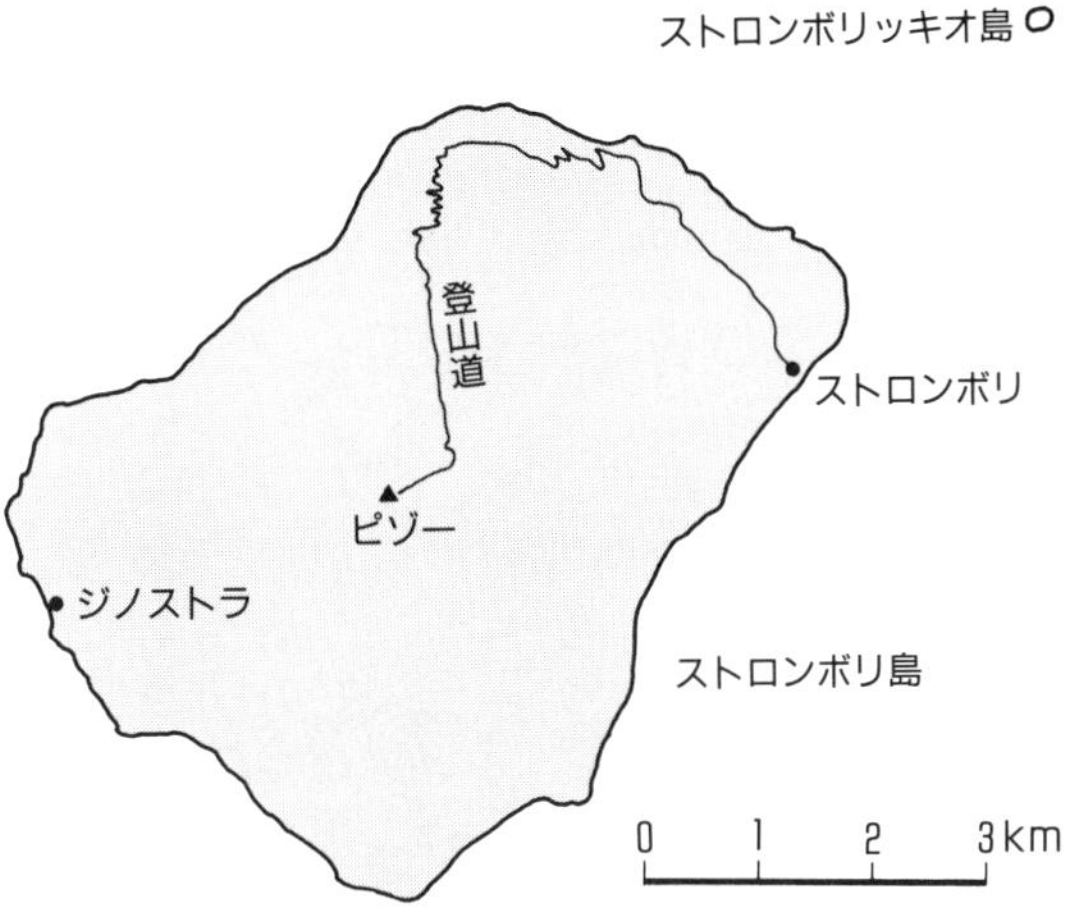

ストロンボリ火山への出発は、暑さを避けて午後五時に決めた。海抜ゼロメートルからの出発だから九一八メートルの登りとなる。コースはもっとも利用されている北からの登山道を使う。現地で手に入れたガイドブックによるとコースタイムは四時間。夏時間を採用しているイタリアの日没は午後八時半なので、日没頃には山頂の展望場所ピゾーに着けるはずだ。

歩きはじめてしばらくは、白い漆喰で固められた家々の間の細い道を歩く。もっともこの島には広い道はない。ストロンボリの町には海岸沿いに一本、やや山よりにもう一本の二メートル幅の道があり、あとはそれらの道をつなげる道があるだけだ。普通乗用車では通行できないので、ミゼットのような三輪自動車が利用されている。

町はずれからつづら折の石垣を積んだ道が続く。三〇分ほどで石垣の道が終わると、突然、目の前にシアーラ・デル・フーコの崩壊谷が広がる。この谷は六〇〇〇年前、ストロンボリ火山の北西側が海に崩れ落ちてできた谷である。谷は、その後の新しいストロンボリ火山の噴出物で埋められつつあり、四〇度近い急斜面のスロープになっている。山頂火口で噴火があると、着地した火山弾は、この長さ一キロメートル以上もあるスロープを転がり落ちる。

しばらくはこの崩壊壁の縁に沿って登る。登りはじめて一時間半、海抜五〇〇メートル地点に達する。陽は傾き、高度も増したせいか、ようやく風が涼しくなってくる。眼下には、小さくなったストロンボリの白い町並みが、その奥にはストロンボリッキオ島が見える。おだやかな海を眺めながら高度を稼ぐ。海抜八五〇メートルまで登ると山頂に続く尾根に達し、道はゆるやかになる。あとは目の前に見えている尾根をわずかに登るだけだ。

一七時五〇分、九一八メートルの山頂展望場所ピゾーに到着。誰もいなかった。実際の最高点九二四メートルピークは五〇〇メートル南側なのだが、高さの違いはわずかで、噴火のようすはピゾーの方がずっと見やすい。

ピゾーには、展望場所といっても火山礫に覆われた、観光客が五〇人も集まれば一杯になってしまうほどの広さの平坦地があるだけだ。崩壊壁の北側一〇〇メートル下に活動中の火口が見え、文字通り高見の見物を楽しむことができる。先に到着した林さんは、さっそく探している。平坦

山頂展望台ピゾーに設置された監視用テレビカメラ。

地からわずかに降りた岩棚の影に観測装置の白い箱を見つけた。テレビカメラで、これによってホームページ、ストロンボリ・オン・ラインが生中継されているのだ。画像は三〇秒に一回ずつ更新されるので、ぼくたちは記念のために二分間カメラの前に立ち続けた。世界の誰かが見てくれたはずである。

二〇時一〇分、日没が迫る。しばらく噴火のようすを観察する。噴火は一〇分おきのこともあれば三〇分おきのこともある。ピゾーからは、噴石で高くなった東西に伸びた火口縁が妨げとなって、火口内部が直接見えない。しかし、一〇〇メートル以上離れた三か所から溶岩のしぶきが噴きあがる。「グゥオー」と、ジェット機のような音とともに細かい溶岩のしぶきを噴水のように噴きあげるものもあれば、「パーン」と広い範囲に大きな火山弾をまき散らすものもある。同じ火口からでも噴火のたびごとに、違ったスタイルの噴火をすることがある。細かな赤茶色の火山灰を「シュー」と噴きあげることもあり、風向きによってはピゾーまで細かな灰が降ってくる。火山ガスが流されてくると、刺激臭も感じられる。火口までは二〇〇メートルほど離れているが、大量の溶岩が噴きあげられると熱さを感じるほどである。

噴火は十数秒で終わり、その後は長い沈黙が続く。これほど近くから噴火を見物して危険がないかといえば、そうではない。数年おきに、ピゾーに最大数十センチもの赤熱の火山弾が降りそそぐ噴火があり、けが人が出る。このため登山道入口には「公認ガイドの付き添いなしでの登山禁止」の看板がある。もし、これを無視して登山するのなら（実際にガイドなしの観光客が五割以上もいるが）、ストロンボリ・オン・ラインのようなホームページで危険性を十分理解してから、自分の責任で登るべきだろう。噴石から身を守るためにヘルメットの着用も望ましい。

数十年に一度は、二キロメートル以上離れた麓のストロンボリやジノストラまで火山弾が降りそそぐ大噴火がある。一九三〇年一一月一一日の噴火では、火山弾が麓のストロンボリの町まで降りそそぎ、六人が死亡、二〇人がけがをした。ブドウ畑も大被害を受けた。多くの住民が島から避難し、戻ってこなかったという。かつては数千人が住んでいたというが、現在の住民は五〇〇人足らずで、町としての体裁をなすには、このくらいの人数が最低必要だろう。伊豆大島の六分の一の面積しかないストロンボリ島で困ることは、噴火ばかりではない。水がない。粗い火山灰やザクザクの溶岩はよく水を通すので、川はなく、地下浅くに地下水もない。水は、給水船によってわざわざシシリー島から運ばれてくる。

日没後、しばらくしてから数組の観光客が展望台を訪れた。噴火のようすはいつまで見ても飽きることはないが、明日のこともある。午後一一時半、ぼくたちは登りと同じ登山道を下山した。疲れ果ててホテルの部屋にたどり着くと、頼んであった夜食がテーブルの上に置いてあった。金属製の大皿の上に幾種類ものチーズ、ハム、果物が並べられている。さすがはイタリアだ。当初の目的を遂げて林さんはワインで、下戸のぼくはコーラで乾杯をする。午前四時、ぼくたちは幸せな眠りにつく。

海岸に張り出したホテルのテラスで遅い朝食兼昼食を食べながら、ぼくたちの意見は一致した。戦場カメラマンが極限の状況の中でエクスタシーを感じて次々と戦場を渡り歩くほどではないけれど、灼熱の溶岩はぼくたちを引きつけてやまない。

「また山に登ろう」

今日は午後四時に出発。同じ登山道を歩くのは安心感はあるのだけれど、けっこう辛いことだ。午後八時、山頂に到着。噴火のよい写真を撮るのは、なかなか難しい。太陽が高いと光は強烈で、噴きあがった溶岩のしぶきは黒くしか写らない。溶岩が輝きを増すのは、日没直前の一〇分間程

日没直前のストロンボリ火山の噴火。

度しかない。しかし噴火の間隔は不規則で、五分のこともあれば一時間噴火のないこともある。ぼくは、地中海に沈む夕陽をバックに噴火の写真を狙っていた。

今日は昨日と違って何十人もの観光客が噴火を待っている。ガイドに連れられた一〇人以上のグループ、男女の二人組、家族連れなどさまざまであるが、イタリア語ばかりが飛び交う。

昨日は、肝心の日没直前に噴火は起こらなかった。今日もだめかもしれない。あと二分で日没、噴火はもう三〇分間もない。そのときである。火口から「ゴー」という爆発音が聞こえた。顔を上げると、溶岩のしぶきが今にも噴きあがろうとしている。夢中でシャッターを押し続ける。溶岩のしぶきは高さ一五〇メートル以上も噴きあがる。一〇秒もすると赤熱したしぶきは斜面に落ち、しだいに輝きを失っていく。

気がつくと、どういうわけだかぼくのまわりには何人もの観光客がとりまき、今度はぼくにカメラを向けて写真を撮っている。事態がわからず、隣にいた林さんに聞いてみると、噴火を見て興奮のあまり奇声を上げて写真を撮っていたぼくが絶好の被写体だったらしい。

いつの間にか日は没し、山頂に集まった何十人もの観光客は、夕焼けの柔らかい光に包まれ、それぞれに満足そうな表情を浮かべている。糸のように細い月が、海面を覆う霞の上に現れる。沖合に停泊した観光船からは、噴火のたびにカメラのフラッシュがパッパパッパッと点滅する。やがて夜の静寂が訪れ、星々が輝きはじめる。

ストロンボリ島は緯度三八度四八分。日本でいえば仙台とほぼ同じ緯度だ。見える星空も日本と変わらない。火口のある北西側にはめぼしい星はないが、後方には明るい夏の天の川が昇りはじめている。林さんは、噴火の時刻、場所、噴火形態などを記録している。ぼくは、一番活発に噴火している北東側火口にカメラを向けて噴火の瞬間を待つ。二人とも噴火が起きた数分間は忙しいが、あとは暇である。ぼんやりとあたりを見ながら時を過ごす。何組かのグループは下山し、新たなグループが登ってくる。一時間前後で降りていくグループもあれば、寝袋を広げて一晩をこの場所で過ごそうというグループもある。

真っ暗になってしまうと数十秒の露出では、噴火時の赤い溶岩しか写らない。ぼくたちは、下山途中の標高七〇〇メートル地点から撮影することにして、場所を移した。火口までの距離は約五〇〇メートルと遠くなるが、火口を見上げるような位置になって背景に星空が入れられる。すでに夏の天の川は夜空を二分するように高くなり、さそり座が火口越しに見える。噴火の平均間隔は二〇分なので、露出時間も二〇分とする。二〇分シャッターを開いている間に、バックは星の光跡によって適度に明るくなり、その前景に花火のような噴火が写るはずである。ところがなかなかうまくいかない。二〇分の露出中に噴火が起こらなかったり、小規模だったり、噴石の飛ぶ方向が火口から裏側だったり、巻き上げ途中に噴火してしまったりする。

しかしこの場所にはぼくたちしかおらず、静寂の中で噴火を楽しむことができる。ウインドブレーカー一枚で、ちょうどよい暖かさだ。話の種もなくなり、時折ぽつりぽつりと話すだけである。

パーンという音がして火口に目をやると、赤い溶岩が噴き出しはじめている。噴き出しが数秒間続くと、赤い溶岩はゆっくりと放物線を描いて飛行し、着地する。スロープにへばりついた火山弾は黄赤から赤、そして暗赤へと色を変え、数分後に輝きを失う。着地して飛び跳ねた火山弾は、スローモーション画像のようにゆっくりとスロープを下る。「カランカラン」という音はしだいに遠くなり、「バシャンバシャン」と海に飛び込む音を最後に再び静寂が訪れる。やがて噴煙も

さそり座とストロンボリ火山の噴火。

晴れあがり、いて座やさそり座などの星々も輝きをとりもどす。

もう一枚と幾度も思っているうちに午前二時になってしまった。林さんも十分噴火の記録をしたようだ。ぼくもほどほどの噴火を撮影できた感触はある。そろそろ引き際である。

翌朝、午前一一時半に起床。今日は海から噴火を眺めることにする。午後一時半に桟橋に行くと、乗船客はぼくたち以外にはフランス人の中年夫妻だけだ。船はまずストロンボリッキオ島の沖を通る。高さ五〇メートルほどのこの島は、古い火山の芯からできている。近づくと塊状の溶岩でできているようだ。急なつづら折の階段があ

海から見たシアーラ・デル・フーコの崩壊谷とそこを埋めた新しい噴出物。斜面を転がり落ちる噴出物によって白煙が上がっている。

り、てっぺんには白いペンキの剥げかかった灯台がある。

船は左まわりにストロンボリ島を巡る。二〇分もするとシアーラ・デル・フーコ崩壊谷の沖に着く。しばらくはこの沖三〇〇メートルで停錨だ。黒々した広大なスロープは、一部が崩れ落ちてかさぶたのように重なった内部がのぞいている。溶岩のような部分もあれば、岩塊の積み重なった部分もある。海岸線近くには一メートルを超える岩塊が重なっている。山頂の火口からは紫白の煙が上がっている。

海はおだやかで、波はない。フランス人の夫婦はさっそく泳ぎはじめた。泳ぎはうまくないが、のんびりと浮かびながら楽しんでいる。ぼくたちも、Tシャツを脱いで海に飛び込む。午後の強い日差しを浴びていたせいか、気持ちがよい。海水

海から見たストロンボリ火山の全景。海岸にあるのはストロンボリの町並み。

はやや緑色を帯びたブルーだ。スイミングゴーグルを着けると、深さ二〇メートルほどの海底がうっすらと見えてくる。思いっきり息を吸って潜ってみる。数メートル潜ると海水は冷たくなる。七〜八メートル潜ったところで苦しくなってしまったが、海底は大きな石がゴロゴロとしている灰色の世界だ。海草や魚がもっと豊富だと思っていたのに、期待はずれである。浮かびあがると、噴火で放たれた火山弾が、ほこりを舞いあげながら斜面を跳ね下りている。プカプカ浮かびながら、しばらくは山頂方向を眺める。なかなか噴火は起こらない。

あきらめて再び海面に顔をつけて海底をのぞく。「パーン」という破裂音が響く。顔を上げて山頂を見ると、赤茶色の濃い噴煙が火口から上がっている。古代ローマ人が見たのと同じ噴火、このような噴火をストロンボリ火山はあと何千年も続けるのだろうか。

夕闇に光る赤い火

ハワイ・キラウエアの溶岩流を見る

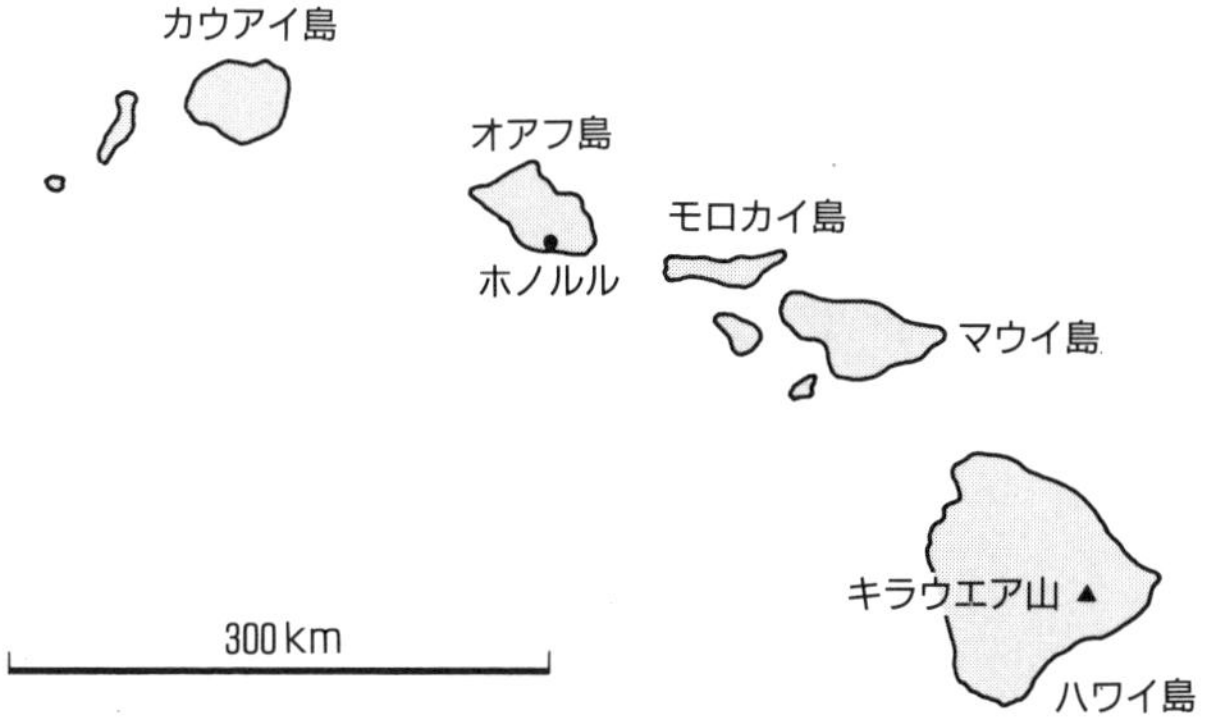

灼熱の溶岩を見る方法

キラウエアでは一九八三年以来、一七年間にわたって噴火が続いている。側火口プウオオから溶岩をゆっくりと流す噴火で、世界中でこんなに長期間、溶岩を流し続けている火山はない。いつ来ても灼熱の溶岩を見られるハワイ島は、火山好きにとっては別天地である。

側火口プウオオからの溶岩は、地下のトンネルを通って海岸に達している。最初は地表を流れていたのだが、流路が固定され、やがて溶岩上部が冷え固まってトンネルとなった。固まっていない溶岩は、トンネル内を流れ続ける。周囲はすでに熱くなっているので、トンネル内を流れる溶岩はほとんど冷やされることなく、効率よく海に流れ込む。

もっとも気軽に流れる溶岩を見るにはヘリコプターツアーがよい。ヒロ空港には数社のヘリコプターツアー会社があり、一時間の火山ツアーを一五〇ドルで行なっている。搭乗するのは七人乗りのジェットヘリコプター。噴火を続けるプウオオ火口、一九八三年以来の噴火でできた溶岩原、海への溶岩の流入などを回る。ステレオヘッドフォンから流れるパイロットの解説を聞きながら、快適な見物となる。しかし、熱い溶岩を肌で感じてみたいという人もいるだろう。

溶岩の海への流入は、海岸を走る国道一三〇号沿いで見ることができる。しかし国道一三〇号線は、一七年間のプウオオ火口からの溶岩によって一三キロメートルも分断されており、その中で溶岩は海に注いでいる。流入地点に近づくには、国道一三〇号の分断地点から冷え固まった溶

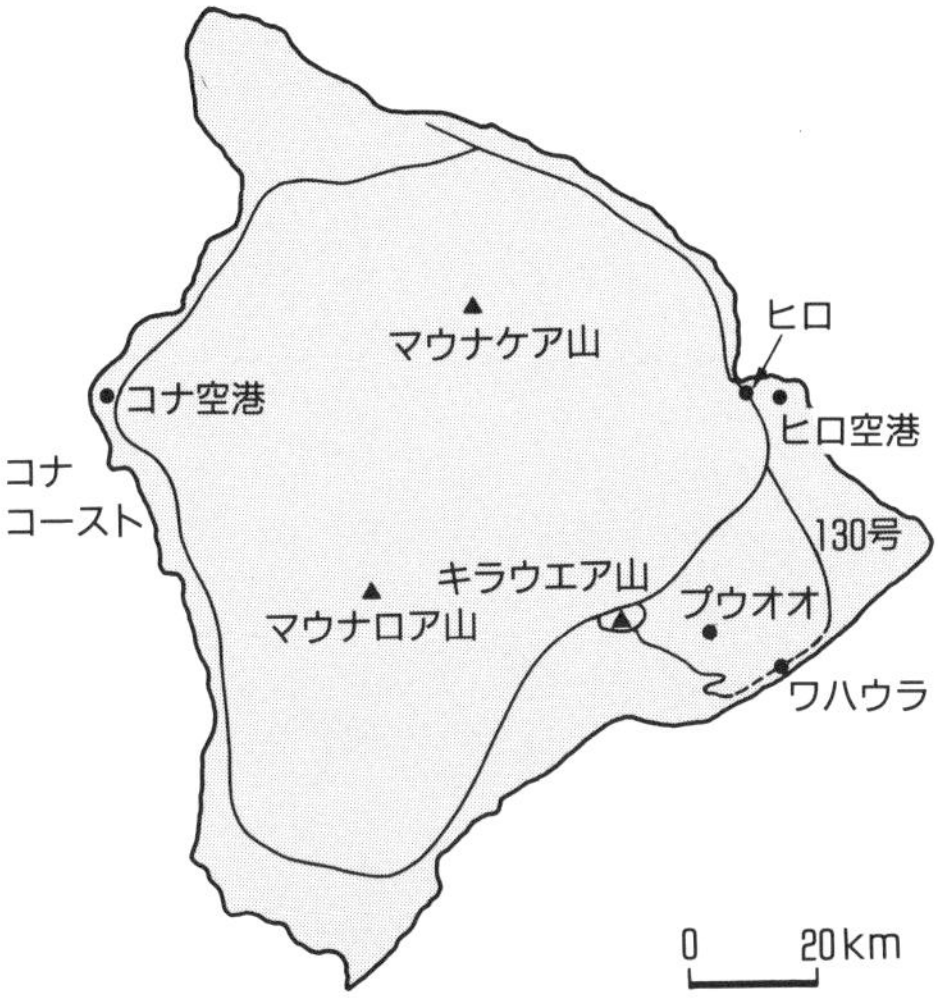

岩の上を歩いてゆかなければならない。流入地点は数か月ごとに位置を変え、歩いて数分のこともあれば、二時間以上も歩かなければならないこともある。

溶岩の流入地点には、西側から行くのが一般的である。キラウエア火山（標高一二〇〇メートル）のあるハワイ火山国立公園に入場し、チェインオブクレーターズロードを下り、一三〇号の西側の分断地点に到着する。そこまでは車で一時間半、そこから溶岩の流入地点まで徒歩一時間だとすると、片道合計二時間半、往復五時間、一日がかりを覚悟しなければならない。

溶岩はいつ見てもよいというわけではない。天気のよい日には、強い日差しのために溶岩は赤黒くしか見えない。夕闇が迫ってくるにつれて溶岩は赤々と美しく輝き出す。溶岩を見るベストプランは、日没一時間前に現地到着、日没一時間後までその美しさを堪能し、戻るというのが理想的だ。ヒロを宿泊地とすれば、戻ってくるのは午後九時過ぎとなる。

ハワイ島への到着

今回は、ゴールデンウィーク最終日の二〇〇〇年五月七日に日本を発ち、ハワイ島四泊の旅となった。ハワイ島は、四回目になる。最初は国際火山学会（IAVESE）がヒロで開かれた一九七九年、二度目はハワイ日食があった一九九一年、三度目は完成直前のすばる望遠鏡を取材した一九九七年、そして今回だ。ハワイ島の空港は西海岸のコナと東海岸のヒロにある。ぼくがいつもヒロ空港を利用するのは、活発な噴火を続けるキラウエア火山に近いためだ。

ハワイ島に来た目的は、地表を流れる溶岩を撮影するためだ。溶岩トンネルができてしまうと、溶岩は火口から地表を流れることなしに海に流入してしまう。こうなるとトンネルが詰まって、地表にあふれ出すときを狙うしかない。プウオオ噴火のようすは、ハワイ火山観測所（HVO）のホームページで調べることができる。春先からこのホームページをチェックし、噴火の情況を調べていた。四月下旬には溶岩トンネルが詰まって、大量の溶岩が地表にあふれ出していた。この機会を狙ってやってきたのだ。

五月七日の午前一一時、ヒロ空港に着く。まずプウオオの噴火情況を空から調べるために、ブ

ヘリコプターから見たワハウラ海岸。プウオオ火口からの溶岩は溶岩トンネルを経由してここで海に流入する。

ルーハワイアン社のヘリツアーに申し込む。一時発のヘリツアーは合計三機で、いずれも満席だった。席は、パイロット横の前席中央で見晴らしがよい。離陸して二〇分、到着したプウオオ火口からは大量の白煙が吐き出されているが、白煙に妨げられて火口内の赤い溶岩は見られない。火口南側は小さな噴出口があり、その中から赤い溶岩があふれ出ている。しかし火口から離れて広がった溶岩は、しばらくすると冷えてその輝きは失われてしまう。火口周辺で地表を流れる溶岩はこれだけだ。

海岸への途中にある急斜面プラマパリでは、溶岩トンネルに開いた数か所の天窓から赤い溶岩が見える。一一月には、西側のワハウラと東側のラエアプキの二か所で溶岩が海に注ぎ込んでいたが、現在、海に注いで盛んに白煙を上げているのは、西側のワハウラだけである。ワハウラの流出口の西側数百メートルでは、海岸の一段低くなったテラス（平棚）に赤い溶岩が流れている。この場所は、西側の国道一三〇号の分断地点から六キロメートル、東側の国道一三〇号の分断点からも六キロメートルで、いずれも歩いて約二時間はかかる。しかし、東側の溶岩原上にトレイルらしい跡があり、その中間地点には数台の軽トラックが見える。そこから溶岩流入地点の間近までトレイルが続いているようだが、双眼鏡で見てもはっきりしない。

溶岩に近づく

ヒロ空港に戻ると、予約してあったレンタカーを受けとり、一三〇号経由で東側から溶岩に近づくことにする。このルートは数回通っていたが、行き止まり地点には柵があり、立入禁止の看板があったように記憶している。すでに三時近いので、まず宿を決める。前に泊まったことのあるナニロアリゾートホテルに直接行って、値段を交渉する。かつてはハワイ島を代表する高級ホテルだったのだが、近年はコナコーストの高級ホテル群に押され気味で、元気がない。ガーデンビュー（海の見えない部屋）のスタンダードならば一日五九ドル。高くはないので四泊を予約する。荷物を部屋に置いて出発する。

国道130号線の行き止まりにある柵と立札。

午後四時、国道一三〇号線を行き止まりの柵が塞ぐ。立札には「住民と土地・建物等の所有者以外は立入禁止」。しかし、柵の右側には車が通れる三メートルほどのスペースがあり、監視人はいない。この種の看板には「これを破ると第〇〇条によって罰せられる」と書かれていることが多いのだが、今回はそうなっていない。下手をすると逮捕されることもありうるのだが、迷ったあげく入ってみることにする。プウオオから流れ出た溶岩原をブルドーザーで踏み固めた道が続いている。まもなく溶岩に埋め残されたアスファルト道路が出てきた。こんなことが三回繰り返されて、ようやく溶岩原を踏み固めた道だけが続くようになる。しばらくすると、ヘリから見えた五台の車が置いてあった場所にたどり着く。外見は無事なのだが褐色に錆びつき、タイヤはパンクし、廃棄された車だった。

DANGER!
• Avoid fumes
Lava entering the ocean creates a toxic cloud that contains hydrochloric acid, superheated steam, and volcanic glass. These substances will irritate your eyes, skin, and lungs. Leave area at once if acid mist clouds are present.
• Do not approach areas where lava enters the ocean
New lava may appear solid, but often extends into the ocean without a stable base. It may collapse at any time without warning! Steam explosions hurl hot lava rocks inland. Stay away - don't risk your life!
• Beware of getting trapped by lava
Never enter areas where molten lava may cut off your escape route. Keep a safe distance from fresh lava, which is about 2000 degrees F. Be aware, stay alert, and use caution at all times.
'00 5 8
溶岩原の行き止まりにある警告の立札。

また進む。借りたレンタカーは普通車である。車体の下が地面に当たってゴツン、ゴツンといやな音を上げる。だんだん心細くなってくる。これ以上は無理かもしれないと思いつつ車を進め、ついに踏み固められた道の終点まで来てしまった。そこには「危険」の看板が立っており、注意事項が書かれている。ということは、「ここまで来てしまったのなら、注意して見なさいよ」ということなのだろう。

午後五時、陽はすでにかなり傾いていた。溶岩と海水が接触して上げる白煙が間近に見える。すぐにでも行きたいのだが、怖いのは暗くなってから同じ場所に戻ってこられるかどうかである。溶岩原は平らのように見えるが、溶岩は内部のガスによってカルメ焼きのように膨れあがるし、その動きによって圧縮じわや陥没孔ができる。その高低差は五メートル以上にもなり、思った以上に見通しがきかない。

九七年には、苦い経験がある。このときは夕方、西の国立公園側から歩きはじめ、二時間かかって溶岩にたどり着いたときには真っ暗になっていた。幅一〇メートル以上の溶岩がゆっくりと流れ下っている場所に風下から近寄ったために、ものすごい熱風が押し寄せてきた。溶岩まで数十メートルに近づくと、降っていた小雨が蒸発して、落ちてこなくなるほど熱い。まるで巨大なヘアドライヤーの中にいるようだった。このときは一枚も写真を撮らずに退散するしかなかった。戻るときに方向がわからなくなって迷子になり、遠まわりをして擦り傷だらけで車にたどり着いたのは深夜二時だった。

パホイホイとアア

こんな経験から、今回は携帯用のＧＰＳをもってきた。ＧＰＳは携帯電話ほどの大きさで、三つ以上のＧＰＳ衛星の電波から現在位置を確認できる装置だ。出発点と経由地を記憶させておけば、帰り道はそれにしたがって歩けばよい。位置精度は二〇メートルなので、ピンポイントで戻れるはずであった。日本でテストしたときには数十秒で三個以上の衛星をとらえて位置を確認できたのだが、ここでは何分待っても三個以上の衛星をとらえることができない。三〇分以上かかって何回やっても結果は同じだった。アメリカ国内では防衛上の理由から、民生用ＧＰＳで位置が求められないようにしてあるのだろうか。結局、星と磁石を頼りに戻ってくるしかなさそうである。

磁石で測った白煙の方位はN二〇度Eだ。あたりは一面のパポイホイ溶岩。一〇分ほど歩くと足下が熱くなってくる。数日前に流れた溶岩だろうか。しばらく歩くと、溶岩の割れ目の奥深くに赤熱した部分が見えている。前方に目をやると、ゆらゆらと陽炎が立っている。近づくと、薄い皮が破け、厚さ二〇センチほどの溶岩が赤熱した舌部をゆっくり伸ばしている。毎分数十センチの速さだろうか。ようやく地表を流れる溶岩に間近で出会えたのだ。

間近を流れる溶岩を見るのは、これがはじめてではない。一九八六年の伊豆大島噴火では、三原山の火口からあふれ出した溶岩を間近で見ている。しかし、そのときの溶岩はアア溶岩だった。赤熱したクリンカーが溶岩の前面を覆っており、崩れながら前進する。このため、ねっとりした溶岩内部を見ることはできない。今見ている溶岩は、クリンカーがなく、地下深くからやってきた液体がそのまま流れているようなパホイホイ溶岩なので、素朴に感動するのである。

「パホイホイ」も「アア」もハワイの原住民の言葉だ。パホイホイは表面が平滑な溶岩、アアは表面がガサガサしたクリンカーで覆われた溶岩である。平滑なパホイホイ溶岩の上は歩きやすいが、クリンカーで覆われてガサガサしたアア溶岩の上は歩きにくい。歩く速度は、パホイホイ溶岩ならば時速四キロ、アア溶岩ならば時速一キロ程度だろう。おまけに、できたばかりのアア溶岩のクリンカーには細かなとげがあり、足をとられて手をつくと傷だらけになる。ハワイの原住民にとっては、両者の違いは生活していく上できわめて重要なために、それぞれに名前がつけられた。「パホイホイ」と「アア」は火山学の世界共通語となっている。

海岸まで一〇〇メートルのところまで進むと、数か所から赤い溶岩が顔を出している。まだ初日なので、じっくり溶岩の動くようすを眺めることにする。パホイホイ溶岩の典型的な形は、縄を編んだようなしわ模様があることで、日本語では縄状溶岩と訳されることもある。舌を出したような、あるいはナマコをぽんと置いたような形で固まることもある。溶岩の粘性係数は、ポアズ・秒という単位で表され、温度によって劇的に変化する。プウオオ火口から出たばかりの溶岩は毎秒一〇メートルものスピードがあるが、目の前で見ている溶岩は毎秒数センチで、粘性係数は数千倍も大きい。この違いは、溶岩の温度や含まれるガスの量によるものだ。割れ目からあふれ出した溶岩はゆっくりと進み、数分もすると停止する。粘性物質の例として水飴があげられるが、水飴だって容器から出せばあっというまに広がってしまう。ところが、固まりかけた溶岩はその厚さを保ったまま、ナマコをぽんと置いたような形で固まっていくから、固まる直前の粘性の大きさは想像できる。

溶岩のさまざまな動きを見ているうちに日はとっぷり暮れ、午後九時近くになってしまった。幸いに天気は晴れ、星を頼りに戻ることができる。北極星を目印にして、ゆるやかなパホイホイ溶岩の起伏を昇り下りしながら進んでいく。一〇分ほどすると青白いライトがかすかに点滅している。他の見物客が、迷わないように車のアンテナにライトをつけたらしい。これを目印にしばらく進むと踏み固められた道に出た。二台の車が駐車しており、ぼくの車はそこから二〇〇メートルほど西に置いてあった。

帰り道では五台の車とすれちがった。すべて4WDやトラックで、普通の自動車でこんな悪路をやってきたのはぼくだけである。すれ違ったトラックの荷台に乗っていた十数人の高校生は、そんなぼくの車を見て歓声を上げて冷やかした。

キラウエアカルデラ

午前九時にホテルを出発。昨日のレンタカーでは不安を感じたので、まずヒロ空港で借りていた普通車を4WDのフォードエクスプローラーと交換する。受付のおばさんは、ディスカウントプライスだといって基本料金五九ドル／日にしてくれたが、保険をつけたら結局九〇ドル／日になってしまった。

遅い朝食は、バニアン通りの端にあるレストラン、ケンズパンケーキでとる。朝遅いこの時刻には、一仕事終わってトラックで乗りつける客や丹念に新聞を読む老人たちが席を占めている。ハワイアン、白人、黒人のウエイトレスのおばさんたちが忙しく働く。ヒロの町で二四時間営業のレストランはこの一軒だけである。ホテルの朝食よりはずっと安いし、撮影で戻ってくるのが深夜になっても、このレストランはやっているのは有り難い。パンケーキばかりでなく、ステーキや魚料理もあるので、ヒロにいるときは朝晩ほとんどこの店で食べる。

午前一一時、ヒロを出発。国道一一号線をキラウエアカルデラに向かう。住宅街やショッピングセンターを過ぎると、しばらくはうっそうとした森の中の道を走ることになる。キラウエアカルデラは標高一二〇〇メートルに位置するのだが、斜度二度ほどのゆるい勾配がずっと続いているので、坂を登っている気がしない。木々の丈が低くなり、あたりが開けてくると、カルデラ縁にあるハワイ火山国立公園ビジターセンターに着く。駐車場は、すでに数十台の車やバスで埋まっている。

ビジターセンターは、これから公園を見てまわる人が最初に訪れるべき場所で、ハワイの火山に関する展示があり、地図や案内書も豊富だ。トレッキングが目的の観光客は、パークレンジャーに溶岩の流れている位置や情況を尋ね、歩いて数十分の距離ならば一日数百人もの観光客が溶岩見物に押し寄せるということになる。一時間以上かかるようだと見学者はずっと減る。ぼくもパークレンジャーに流れている溶岩までのアクセスを尋ねると、国立公園側（西側）の国道一三〇号分断点からは歩いて二時間以上かかるということで、見にいく観光客はほとんどなさそうだ。

道路をへだてたボルケーノハウスの展望台から眼下に広がるキラウエアカルデラを眺め、カルデラを一周してヒロに戻る。

海に流入する溶岩流（ワハウラ海岸）。

再びワハウラ海岸へ

ヒロの入口にあるショッピングセンターで食料を買い出し、メキシカンファーストフードのタコベルで昼食。午後三時にヒロを出発、四時には国道一三〇号の行き止まりの柵に着く。これから先のブルドーザーで溶岩を押し固めた道は昨日と同じだし、今日は4WDなので心強い。

三〇分ほど進むと道は行き止まりとなったが、どうも昨日とは違う感じだ。昨日、車を止めた広場がわからない。車を止めて、行き止まりまで歩いていくとやけに熱い。右側を見下ろすと、鈍く赤熱した溶岩が横たわっている。昨夜の駐車地点から五〇メートルほど手前まで道路が溶岩に埋められたようだ。溶岩に車が埋められるのはかなわないので、二〇〇メートルほど戻った高台の上に駐車することにした。

今日は、昨日見られなかった溶岩の海への流入地点に近づく。熱い溶岩が海水と反応してもくもくと上がる大量の白煙で、肝心の流入する溶岩は見えにくい。風向きで白煙が途切れた一瞬、オレンジ色に輝く溶岩が勢いよく海に注ぐのが見える。しかし、すさまじい白煙がすぐに視界を妨げる。これでは撮影できないので、移動することにする。

流入地点から東に二〇〇メートル行くと、高さ数メートルの地点から赤い溶岩があふれ出しているのを見つけた。あふれ出しはゆっくりではあるけれども、白煙をあまり立てずに海に注いでいる。そこは、ぼくの立っている溶岩原から約一〇メートル低くなっており、幅一〇～三〇メートル、長さ一〇〇メートルのテラス（平棚）をつくっていた。テラスは新しい溶岩でできた陸地が、その重さのために海側にずり落ちたものだ。溶岩原にも鈍く赤熱した溶岩がところどころにあふれ出している。

崖上の溶岩原の端からテラスの溶岩を撮影しようとしたが、崖にもいたるところにクラックが入り、乗り出せない。なにしろ数日前にできたばかりの新しい地面なので、不安定である。といってテラスに降りるのはさらに危険である。何か月かに一回はテラスが大規模にずり落ちて完全に海に没することがある。このようなときにテラス上にいたらたまらない。実際に犠牲者もいるし、命からがらずり落ちるテラスから逃げ帰った人もいる。

今日は海に入った溶岩からの白煙が激しく、風向きが変わって陸側に流れると、二酸化硫黄の刺激臭がツンと鼻をつき、目もヒリヒリする。一〇人ほどのグループが脇を通る。「ハロー」と互いに挨拶するのみで、会話はない。この日はテラスの崖上にはりついて、テラス上の溶岩と海に入る溶岩を撮影する。崖は南南東向きなので、日没三〇分前頃からテラスは日陰となり、流れる溶岩の輝きが増してくる。日没から一時間もたつとあたりは真っ暗になり、溶岩の輝いている部分しか写らなくなる。こうなると撮影は打ち切りだ。

帰りに男女五人組のグループとすれ違う。予想外に出会う人々は多く、皆二十代だ。踏み固められた道にはヘッドランプをつけた車が駐車していたので、それを道しるべにして戻れた。道の行き止まりには、赤い溶岩がナメクジが進むようにゆっくりと流れており、一〇人ほどの男女グループが眺めている。話しかけると、オハイオ州から来た大学生だという。男がストーブに使うひっかき棒を溶岩に突っ込んで溶岩をはがしている。うまくいったり失敗したり、交代で歓声を上げながら楽しんでいる。ぼくもひっかき棒を借りてやってみたが、溶岩に近づけると数秒で手がやけどしそうに熱くなる。気合いを入れて二回目で溶岩の引きちぎりに成功。次は、赤熱した溶岩の上に一〇センチ大の石を投げてみる。溶岩はへこむが、石は沈まずに載ったままだ。一〇分後、すでに黒くなったはぎ取った溶岩をもち帰ろうとしたが、熱くてすぐ放してしまった。残念ながら、おみやげにすることはあきらめた。

溶岩撮影のポイント

二日目になると、いろいろなことがわかってくる。トンネルを通って地表に出てきたばかりの溶岩は赤熱しているが、十数分もたつと表面が黒くなる。こうなると、熱いにもかかわらず冷えた溶岩と区別しにくい。目印になるのは割れ目である。割れ目は冷却収縮でできるので、深い割れ目が入っていればその上を歩いても大丈夫だ。このような溶岩でも、夜になると割れ目の奥には赤熱した部分が見える。

もう一つは音だ。パホイホイ溶岩は、冷え固まるときにガラス質の表皮ができる。高温で急冷中のときには、表面が破壊されるために、「ピシッピシッ」とガラスの割れるような音がする。溶岩の表面をよく見ると、薄皮の破片が音を立てながら数十センチもはじけ飛んでいる。光沢のある美しい表面のパホイホイ溶岩が少ないのを不思議に思っていたのだが、パホイホイ溶岩はできたときにはすでに表面が壊れているのだ。

カメラザックを溶岩の上に置くときには、手をかざして熱くないか確かめる必要がある。かざして大丈夫なら、今度は手のひらをつけてみる。不注意に置くと、溶岩の熱がたまっていつのまにかカメラザックを焦がしてしまうことがある。

ゆっくりと前進するパホイホイ溶岩流。プウオオ火口は後方のスカイライン上にある。

赤々と輝く溶岩は美しく、撮影対象として魅力的である。地下深くから出てきたばかりの溶岩はもちろん高温だが、長さ一〇キロメートル以上の溶岩トンネルを通ってきた溶岩も、まだ一〇〇〇℃以上の高温を保っている。溶岩トンネルの通りが悪くなると、あちこちから地上に溶岩があふれ出してくる。すでに、トンネル内を長距離移動している間に、溶岩内部に含まれるガスの大部分は放出しているし、地表に出てから流れる速度もゆっくりである。このようなときが、もっとも安全に溶岩見物が楽しめるときである。

溶岩に薄皮ができると流れは停止してしまう。しばらくすると別の場所に割れ目が入り、新しい溶岩が這い出してくる。地表に出てきたばかりの溶岩は、明るく熱く美しい。輻射熱は絶対温度の四乗に比例するので、一〇〇〇℃（一二七三K）の溶岩と七〇〇℃（九七三K）では三倍も輻射熱が違う。オレンジ色に輝く溶岩を撮影しようと数メートルまで接近すると、その熱さはすさまじい。ピントの合う範囲を広くするためにレンズを絞ると、シャッター速度が遅くなる。そのため三脚を立てなければならないが、カメラアングルを決めているうちに手が熱くて我慢できなくなる。まるでストーブから一〇センチの距離に手をかざしているようだ。構図を決めて一枚撮るので精一杯である。溶岩の微妙な赤味を表現するために露出を変えようと思っても、一枚ずつしか撮れない。これを何回も繰り返すことになる。溶岩は刻々と形を変えるので、撮影場所も変えなければならなくなる。

輻射熱をさえぎるには溶岩と手の間に壁をつくればよい。手袋をすることで、この問題は解決する。こうすると一〇秒ほどは我慢できる。しかし、この間にも溶岩に向けたカメラ前面は熱くなるので、今度はカメラの耐熱性が心配になってくる。結局手袋をつけても、至近距離からの溶岩撮影では、一〇秒ほどで撮影を切り上げて、カメラと体を冷やしてから再び撮影をする、という能率の悪い作業が延々と続く。

プウフルフル

三日目は八時起床。今日もワハウラの海岸に溶岩を撮影に行く予定で、現地には午後四時に到着すればよい。午前中はキラウエアカルデラ南部を撮影することにする。九時にヒロ発。キラウエアカルデラ縁を通り、チェインオブクレーターズロード沿いに駐車し、徒歩でナパウルートへ。ナパウは、キラウエアの東リフトゾーンにあるクレーター名で、午前の目的地はその途中にあるプウフルフルである。ハワイ語でプウは「丘」、フルフルは「毛むくじゃら」という意味で、噴火後数百年以上も経て樹木に覆われた小さな丘につけられた名前である。一九七〇年、プウフルフルの南側で噴火が起きた。三年以上続いた溶岩流出でできた小型盾状火山は、マウナウル（成長する山）と名づけられた。その絶好の観測地点になったのがプウフルフルである。

プウフルフルまでの道には、マウナウルから流れ出た溶岩の残した溶岩樹型がたくさんある。溶岩樹型は、溶岩が木の幹に接触して急冷し、幹の形がそのまま残ったものだ。樹型の内側には、焼け焦げた幹がそのまま残っているものもある。しかし、マウナウルの噴火が終わって三〇年近くもたつと、周囲の木が大きくなって、撮影に適した樹型はなかなか見つからない。

低い雲が、ときおり小雨を降らす。チェインオブクレーターズロード付近は天気がいつも悪い。東風がこの尾根に当たって雨を降らすためだ。尾根の東側では植生が一変し、カウ砂漠などの乾燥地域が広がる。一〇〇メートルほどのプウフルフルの小高い丘の頂上からは、傘を開いたようにゆるやかなマウナウルがよく見える。溶岩ばかりが同じ火口から長期間流れ出ると、このような火山、小型盾状火山ができる。マウナウルはこの典型だ。雨は降ったりやんだりで、びっしりと空を覆った雨雲の雲底は、マウナウルの山頂間近で、雲行きが怪しい。午後一時、ほとんど撮影することなしにヒロに戻る。

溶岩テラスでの撮影

三時三〇分、立入禁止の柵前に到着。溶岩で分断された国道一三〇号線のアスファルト道路上に駐車し、路上で遅い昼食をとる。路上といっても両側は溶岩で分断されているので、車の往来はほとんどない。昼食はローカルショップで手に入れた海苔巻きだ。早く着きすぎたので、食後は路肩の木陰で横になって時間をつぶす。

午後四時二〇分、踏み固められた道の終点。昨日と同じ場所に向かうが、今日はテラス上には赤熱した溶岩がほとんど見あたらない。溶岩原を歩きまわるが、形のよいあふれ出したばかりの赤熱した溶岩はなかなか見つからない。しかし溶岩原は、数時間前に流れた溶岩だらけである。三日目ともなるとだんだん行動が大胆になる。熱そうな溶岩を避けて、よい被写体を探しまわるには遠まわりをしなければならず、時間がかかる。さすがに赤熱した溶岩の流れは、輻射熱がすさまじく飛び越えることはできないが、表面がパチパチはじけていなければ足早に溶岩を乗り越えることができる。だんだん不注意になり、靴底のゴムの焦げるにおいがしたり、バランスを失って熱い溶岩に手をついてやけどしそうになる。慣れすぎに注意しなければと、手袋をして気を引き締める。

結局、溶岩原にはよい撮影ポイントが見つからず、溶岩原の縁で腰を下ろして一休みする。キラウエアの彼方に陽は没し、プウオオ火口からの煙のためか、紫色の薄明が空を覆う。一〇メートルほど先に新しい割れ目ができ、あふれ出たオレンジ色に輝く溶岩が高さ一〇メートルの崖をゆっくりと下りはじめる。液体が、こんなにゆっくり流れることができるのかと思うほどの緩慢な動きで、ほぼ垂直の崖の途中で止まってしまうものもある。しかし、後続の溶岩がどんどん押し寄せて、乗り越えてゆく。崖からは身を乗り出しても、手前の崖が邪魔になってうまく写せない。このようすは、テラスに降りて撮影するしかない。

テラス全体が海にずり落ちる可能性がないわけではないが、被写体の魅力はそれに勝る。テラスまで降りて緊張しながらの撮影をはじめる。すでに溶岩の先端はテラス上まで達し、崖には黄金色の滝のような溶岩がかかる。数枚撮影しては、しばらくはその美しさを呆然と眺め、また撮影を続けるということを繰り返す。フィルム一本を撮り終えると、ライトなしでは歩けないほどの暗さになっている。高感度フィルムに交換してさらに一本撮り終える頃には、流れ落ちる溶岩もほとんどなくなり、溶岩はその輝きを失っていった。

今日はもうこれ以上撮影する必要はない。長時間、熱い溶岩に面していたためか、顔が日焼けしたようにヒリヒリと痛い。テラスの崖を登りはじめる。

＊　＊　＊

ワハウラ海岸の溶岩は、毎日少しずつではあるが違った姿を見せてくれる。結局、四日目も取り憑かれたようにワハウラ海岸に行き、溶岩を撮影した。プウオオの噴火は、いつ終わるかわからない。短期間では気がつきにくいが、火山の噴火も一〇年、二〇年のスケールで見ると、変化がある。一九五〇年代の浅間山、一九八〇年代の桜島が盛んにブルカノ式噴火を繰り返していたことは、静かになった今思い出すと、不思議なくらいである。一〇〇年前のキラウエアカルデラには、溶岩湖があったという。

この一七年間でプウオウの溶岩は、ハワイ島に二平方キロメートルの陸地を加えた。一方北海岸では、マウナケア、コハラなど噴火をやめた火山が波や風によって浸食されている。休むことのない火山島、ハワイ。次に来るときには、どんな姿を見せてくれるだろう。

潜水艇で見る火山

三宅島に海底噴火口を探る

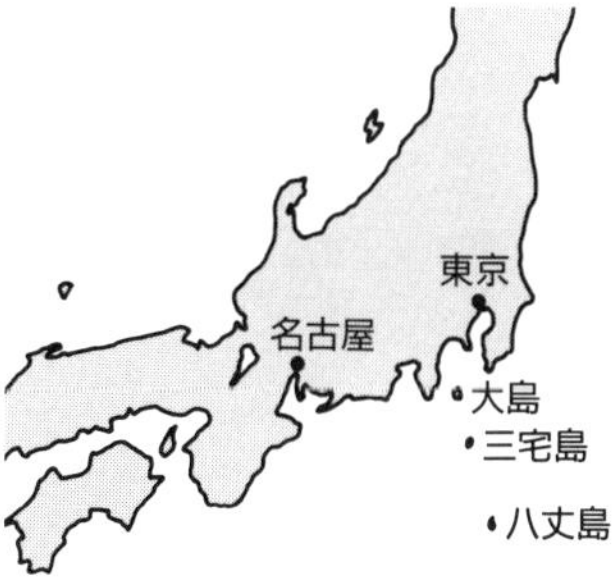

三宅島の海底噴火口

二〇〇〇年七月一〇日の夕方、フジテレビから電話があった。電話の主はディレクターの高須賀祐樹さんで、

「フジテレビで三宅島の変色海域に無人潜水艇を潜らせる計画があります。来週、その取材で数日間、三宅島に同行してくれませんか」

いかにもマスコミ人らしく、テキパキと自信に満ちた口調で話を進める。六月下旬、ぼくが三宅島噴火の解説でお台場にあるフジテレビ報道局に行った際、高須賀さんとはすでに会っている。ぼくが変色海域の深度を知りたかったとき、高須賀さんは手際よく三宅島周辺の海底地形図を用意してくれたので、よく覚えている。

二〇〇〇年六月二六日、三宅島雄山南西部の地表近くまで上昇したマグマは、地震を頻発させた。一九八三年の割れ目噴火以来、一七年ぶりの噴火かと騒がれた。しかし同日深夜~翌二七日朝、マグマは三宅島西方沖の地下に移動した。二七日八時半、三宅島西方沖で直径四〇メートルにわたって海面が変色、水蒸気が噴出しているのを海上自衛隊の護衛艦が発見。海底で小規模な噴火があったらしい。変色海域は消長を繰り返しながら同日一四時半頃に消滅した。

推定された噴火口は水深八五メートル。人間が通常のスキューバダイビングで潜れるのは水深五〇メートルが限界で、これ以上の深さになると潜水艇が必要になる。そこで今回の話が出てき

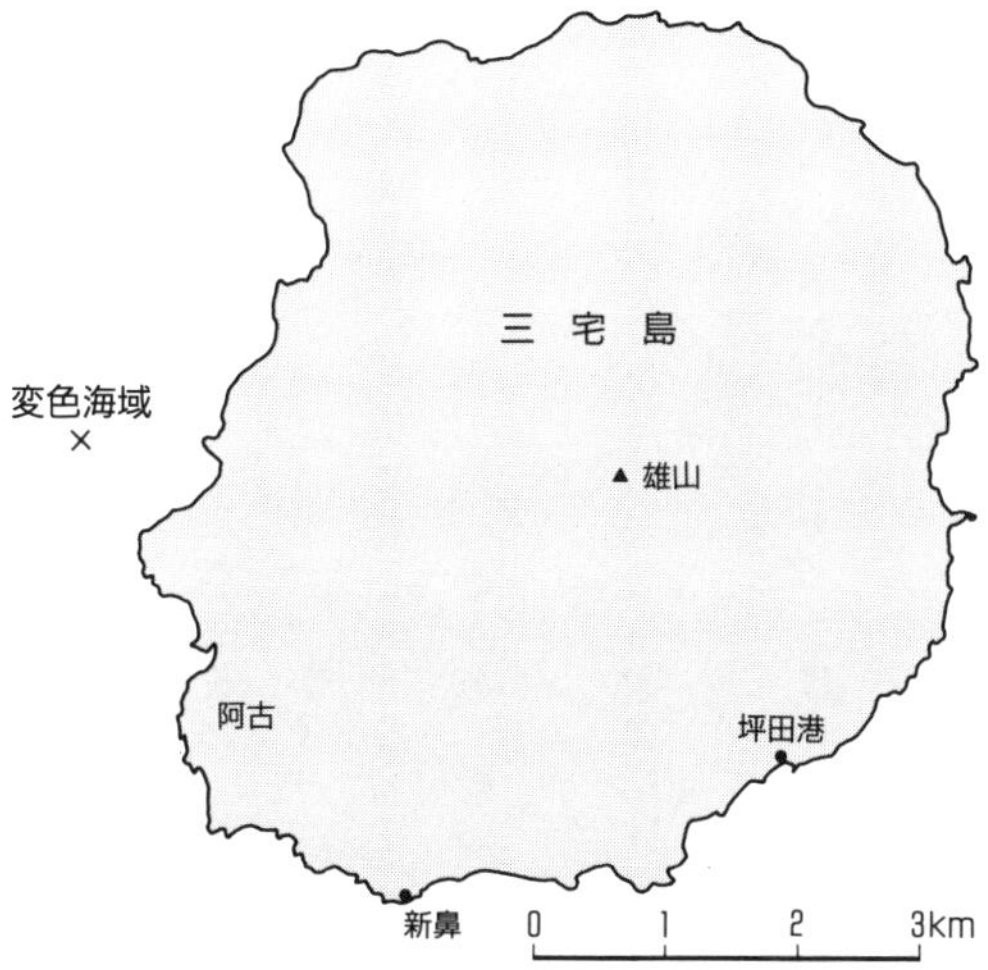

たのだ。果たして海底火口は見つかるだろうか。心配ではあるが、話を聞いているうちにじっとしてはいられなくなった。行かなくて後悔するよりも、行って後悔する方がよい。気がつくとぼくは二つ返事でこの話を引き受けていた。

テレビ局が調査?

今回の調査の経緯は複雑なので、少し説明しよう。このような噴火調査は、大学や研究所が単独、あるいは合同で行なうのが普通である。実際七月四日には、東京大学地震研究所の中田節也さんたちと東工大が合同で、無人潜水艇を使って調査している。しかし、このときは位置がはっきりしていなかったので海底火口にはたどり着けず、周辺の割れ目の調査のみに終わった。翌五日、海上保安庁水路部の調査船「昭洋」のサイドスキャナー（音響探査器）によって、海底火口の正確な位置が確認された。四日に中田さんたちが調査した海域は、この火口から南東にわずかにずれていたのだ。中田さんたちは再度調査したいのだが、早急には研究費が調達できない。

一方、フジテレビの高須賀さんは、スキューバダイビングによる海中世界を紹介した数多くの番組を手がけている若手のディレクターである。そこに三宅島噴火騒動である。海底火口の映像をうまく撮れれば、日本初ということでニュースにもなるし、今までの自分の経験も生かせる。そういうわけで今回の調査を企画したらしい。海底火口の映像は、他の地上調査のようすとともに、翌週午後六時～七時のニュースの特集として一五分間放映する予定だという。したがって、海底火口の映像はなんとしても撮らなければならない。それで無人潜水艇での調査経験のある中田さんにも協力を頼んでいる。

今回のフジテレビのスタッフは、ディレクターの高須賀さん、カメラマン二人、音声係二人、アシスタント二人の合計七人である。普通の取材では三～四人が一部隊なので、今回の取材の力の入れ方がわかる。カメラマン、音声係、アシスタントが二人ずついるのは、一組は水中撮影班のためである。彼らは、大鼻沖の水深一〇メートル地点に発見された割れ目を、一八日にスキューバダイビングで実際に潜って撮影するはずだった。しかし一七日午前、三宅島北方で変色海域

無人潜水艇RTV500 MKⅡ本体。この後方に長さ800mのコードがつく。

が出現した。フジテレビの上層部の判断で、これとはずっと離れた位置にある大鼻沖の海底割れ目の撮影まで中止になってしまったのである。わざわざ三宅島にやってきて出番を失った水中撮影班には気の毒な結果となった。

無人潜水艇

フジテレビがチャーターしたのは、三井造船のRTV五〇〇MKⅡという水深五〇〇メートルまで潜水可能な無人潜水艇である。大きさは全長一メートル、幅と高さはそれぞれ六〇センチ、重量は八〇キログラムである。速度は三ノット（時速約五キロメートル）と速くないが、前後・左右・上下に自由に海中を動きまわれるのが特徴である。前方と後方には首振り可能なカメラと照明を備え、前方には作業用マニュピュレーターをもっている。鮮やかなイ

調査船「おしどり」（手前）と曳船「新栄丸」。後方には三宅島が見える。

エローにカラーリングされた小振りなボディは、精密な大型おもちゃといった感じだ。残念ながら愛称はない。この潜水艇の難点をあげれば、後部には長いコードがついており、コードを通じて調査船上の制御部からコントロールしてやらなければならないことだろう。三井造船からは真田昭二さん、中村良和さん、小出篤さんの三人のスタッフが参加する。

今回は、曳船がロープで調査船を引きながら移動し、エンジンを止めた調査船から潜水艇を降ろす方法をとった。これは、潜水艇のコードが調査船のスクリューに絡むのを防ぐためである。曳船「新栄丸」、調査船「おしどり」は、ともに長さ二〇メートルほどの漁船をチャーターして使う。「おしどり」は定員二五名のかなり大きな漁船なのだが、前甲板には潜水艇、八〇〇メートルのコードと制御部、後甲板には二台の発電器を載せ、ぼくたち一四人が乗り込むとけっこう手狭となる。

七月一九日の調査当日。出航は三宅島南部の坪田港。午前六時半、コンテナで運ばれてきた潜水艇一式を「おしどり」に搭載する。朝五時に定期船で東京から三宅島に到着したばかりの中田節也さんは、常宿で準備を済まして坪田港に七時半に到着。八時一〇分に下司信夫君と長井雅史君も到着する。この二人は東大の大学院博士課程に在学し、もう少しで独り立ちする若き研究者である。八時二〇分、「新栄丸」と「おしどり」は出航する。これから陸上の降灰調査に向かう中野司さん（地質調査所）や大野希一さん（日大）が見送ってくれる。

「おしどり」は三宅島の南岸沿いを西に進む。のっぺりとした雲が空の大部分を覆っているが、雲間からときどき弱く陽がさす。雄山には雲がかぶっている。海はそれほど荒れていないが、スピードを上げた船首にいるとけっこう飛沫がかかる。対岸には一九八三年の噴火でできた新鼻の火砕丘が見える。下司君や長井君は、はじめて海側から見るこの火砕丘を夢中になって撮影している。船の進行に驚いて、幾匹ものトビウオが海面すれすれに飛び出す。着水しそうになりながらも飛行を続け、一〇〇メートル近く飛ぶものもいる。阿古港の沖を通過し、出航から二〇分で大鼻沖一・二キロメートルの目的地に到着する。すでに曳船の新栄丸は到着している。

船上での準備も多い。中田さんが持参した海水採取用ボンベの開閉レバーは長すぎて、潜水艇のフレームにかかってしまうことがわかった。これではマニュピュレーターを使って開けられないので、下司君がヤスリを使ってレバーの一部を切断する。一方、中田さんとぼくは携帯型GPS（精度三〇メートル）を使ってどこに潜水艇を投入するかを相談する。水路部の決定した火口位置に潮の流れを考慮して、その北東五〇メートル地点の北緯三四度〇五分一四秒、東経一三九度二八分〇七秒地点に投入することに決める。

海底を調べる

九時二〇分。二人がかりで潜水艇を「おしどり」側部の開口から海面にゆっくりと降ろす。真田さんが船上の制御部につながったコントローラーでしばらく作動を確認し、いよいよ潜水である。潜るスピードに合わせて小出さんがコードを繰り出す。コードといっても直径一三ミリ、全長は八〇〇メートルもあるので、コードさばきは大変だ。繰り出し量が少ないと潜水艇が自由に動けないし、繰り出し量が多すぎると潮流の抵抗が大きくなってコントロールしにくくなる。小出さんはコードをさばく専任係といったところだ。

潜水艇は垂直に頭を下げて、一分ほどで海底まで降下する。制御部のモニター画面に海底がうっすら見えてくると姿勢は水平に向けられる。画面には潜水艇の現在深度、海底からの高度、潜水艇の方角、カメラの仰角も表示される。潜水艇は、海底から数メートルの高度を保ってゆっくりと進む。この深さまで潜ると太陽光は数十分の一に弱まり、潜水艇の照明の届かない数メー

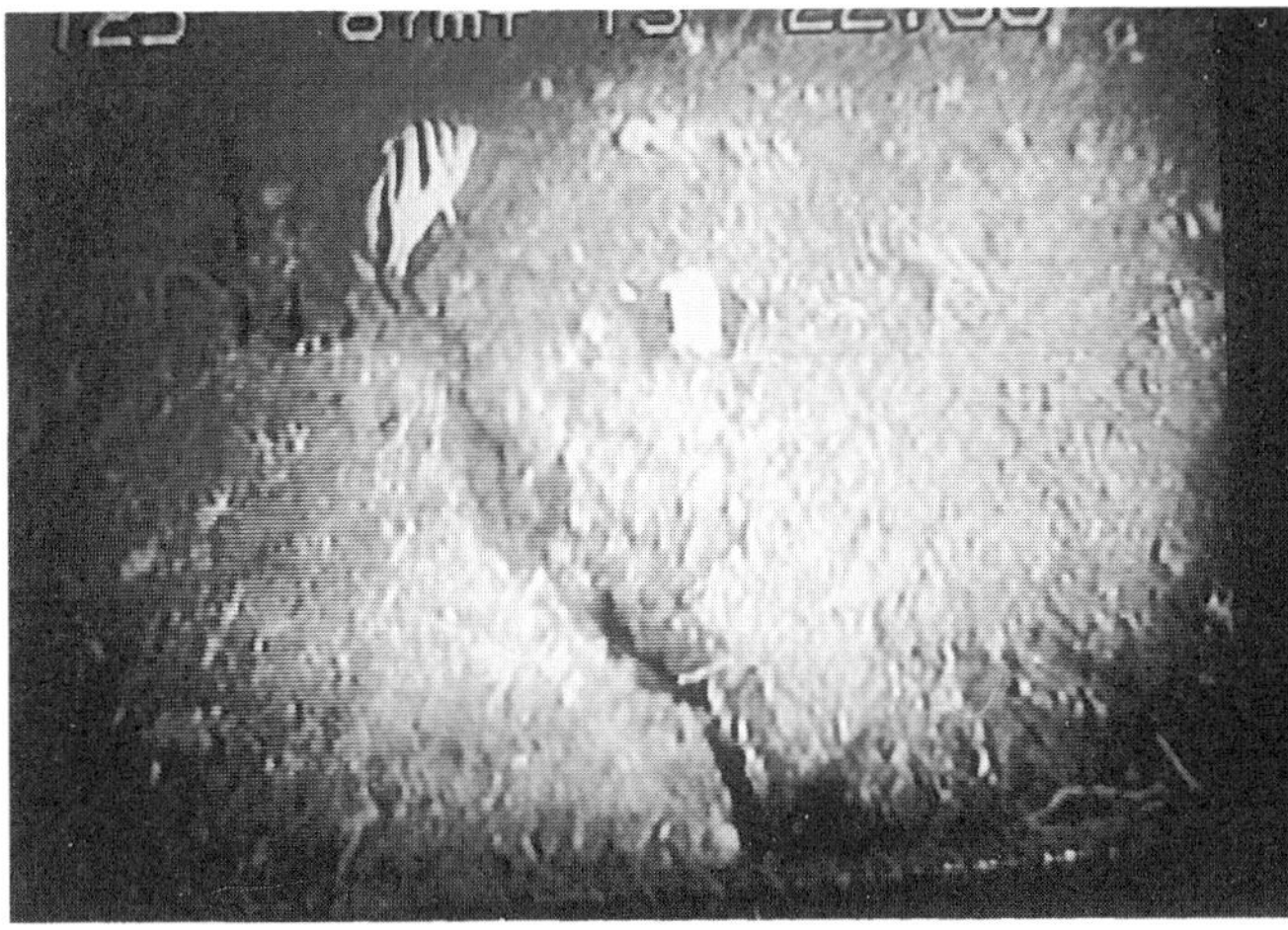

無人潜水艇のモニター画面。新しくできた割れ目が映っている。

トル以上先はぼんやりとしたモノトーンの世界だ。一方近くの海底は褐色で、海草や貝殻が付着している。しばらく進むと割れ目が見えてくる。高度を下げて海底の割れ目に近づく。割れ目を横切るように進むと、別の割れ目を発見する。今度は割れ目に沿って進む。割れ目は幅が一〇～三〇センチあり、スパッと開いた割れ目の壁には、海草や貝殻がまったく付着していないので、ごく最近にできたものであることがわかる。割れ目の近くを泳いでいるイシダイが、よいスケールになる。海底の割れ目は、阿古付近の地上の割れ目よりも幅が広い。少しずつ方向を変えているが、東西ないし東北東‐西南西方向に伸びている。これらの割れ目は、二六日深夜から二七日午前、この海底地下にマグマが貫入したときに開いたものに違いない。

モニター画面の水深の数字が九五メートルを超

えたので、火口からはだいぶ離れてしまったようだ。反対の東向きに潜水艇を進めてもらう。しばらくすると、褐色だった海底が灰色っぽくなってくる。進むにつれて海草の根元が灰色の細粒物質によって覆われ、生き物の気配がなくなってゆく。まるで一昨日訪れた島東部の降灰地域を見ているようだ。さらに進めると高台があり、その向こう側が低くなっている。火口縁に着いたようだ。火口の高さは四メートルほどだろうか。

火口縁を越えると、直径数十センチの岩塊の散在する火口底が見えてくる。火口底にゆっくりと着底してもらう。濁りのために十数メートルしか見通しはきかないが、まるで惑星探査をやっているような気持ちになってくる。火口底には湯の華のような物質が漂っており、着底すると舞いあがってなかなか沈殿しない。モニター画面をよく見ると、右奥でかげろうのように海水が揺らめいている。まだ、熱水が噴出しているのだ！　頭越しにモニターを覗き込んでいた高須賀さんも興奮して、声を高めてスタッフにようすを伝えている。さらに潜水艇を近づけるが、照明が奥まで回らないのではっきりとは確認できない。熱水は、岩塊の二〇センチほどの隙間から噴出しているようだ。テレビカメラは調査中のぼくたちの姿を写したり、モニター画面を写したりで忙しい。

潜水艇は、いったん海底から離れたあと、岩塊の少ない場所に着底。潜水艇を前後させて前部にとりつけたケージに灰色の細粒物質をとり込む。ケージにはとり込めるのだが、後退させると抜け落ちてしまい、ケージの底にわずかに残るだけである。何回やっても同じなので、細粒物質の採取はこの程度で済ますことにした。時計を見ると一〇時半、時間はまだたっぷりある。すでに火口の位置は確認できた。再びこの場所に潜水させるのは、さほど困難ではない。中田さんと相談した結果、潜水艇を一度引き上げて、次回は海水採取用ボンベと温度計をとりつけて潜水させることにした。

引き上げた潜水艇のケージには、予想に反して灰色ではなく、黒い数ミリ大の細粒物質が数十粒ひっかかっていた。これを調べれば、今回の噴火でマグマから本質的な物質が噴出したか、古い岩石が水蒸気爆発によって破壊されて再堆積しただけなのかがわかる。中田さんと下司君は、とりはずしたケージを裏返して落ちてきた細粒物質を、熱心にビニール袋に移し替えている。

火口はどこだ

午前一一時、海水採取用ボンベと温度計をとりつけて再び潜水。今回は水路部が発見した火口の直上位置から潜水させることにした。割れ目は簡単に見つかったが、火口にはなかなかたどり着けない。五〇メートル四方の範囲を行ったり来たりして探すが見つからない。そのうちに潜水艇の深度が九〇メートルを超えるようになってきた。どうやら潮の流れによって西に流されているようだ。

潮の流れは、月と太陽の引力によって引き起こされる。約一二時間の周期で繰り返されるので、数時間もすれば、潮の方向や強さも変わってくる。おまけにこの潜水艇は長さ数百メートルのコードをぶら下げているので、潮流に対するコードの抵抗もばかにならない。このままではとんでもない方向に行ってしまうかもしれない。すでに午後一時近くになっていた。

「こういうときは、昼食でも食べながらゆっくりと考え直した方がいいんじゃないの」

という中田さんの提案をうけて、潜水艇を引き上げることにした。

民宿でつくってもらったおにぎりを頬張りながら空を見上げると、いつの間にか雄山に雲がかかるだけの快晴となっている。三日前に島に着いたときのぼんやりとした空とはまったく違う強い日差しが、梅雨が明けたことを物語っていた。南には円錐形の御蔵島が、北西には平坦な神津島や新島が間近に見える。三宅島雄山の山頂部には大きな陥没火口ができ、近海では震度五クラスの地震が頻発して、崖崩れの被害も出ている。例年ならこれからが一番の稼ぎ時に訪れる観光客がほとんどいないのは、島の人々にとって大きな打撃になるだろう。

三回目、ぼくたちは潜水艇をどこに降ろすか悩んだが、再び水路部が発見した火口直上位置から降ろすことにする。「おしどり」の船長は操舵室からではなく、前甲板にある高さ五メートルほどの櫓の上から船を操縦している。船の移動につれてGPSの秒表示が刻々と変わる。経度は0K、緯度はあと二秒、六〇メートルほど南に寄せてくれるよう甲板から櫓上の船長に大声で伝える。まもなく北緯三四度〇五分一四秒、東経一三九度二八分〇七秒の火口直上に達した。もっとも水路部が決定したこの火口位置は、それほど正確な数値ではない。調査船「昭洋」から長さ三〇〇メートルのワイヤーでサイドスキャナーを引っ張って火口を見つけたのだが、位置決定は「昭洋」の位置とワイヤーの方向から決めたものなので、数十メートルの誤差を含んでいる。しかし、ぼくたちには他に頼るべき数値はない。一三時三〇分、三回目の潜水を開始する。潜水後、割れ目は見つかったものの、火口はなかなか見つからない。いろいろな方向を探しまわるうちに、絶対的な位置があやふやになってきた。いったん引き上げて、再投入することにする。

一四時一六分、四回目の潜水。今度は、一回目と同じ位置から潜水させることにする。一回目からはすでに六時間もたっており、潮の流れは違っているはずだが、他によい方法は思いつかない。真下に向かって潜水艇を進め、海底が見えてきたところで水平に姿勢を変える。しばらくすると、見覚えのある割れ目が見えてきた。海底から二メートルほどの高度を南にトラバースしていくと、海底が火山灰で覆われるようになる。火口縁を越えて火口内部へ。ようやく元の地点に戻ってこられた。火口底は灰白色の沈殿物に覆われ、中央部には岩塊が積み重なる。午前中に発見した熱水の湧出口に採水タンク取水口を近づける。マニピュレーターに接続した開閉レバーを動かして熱水採取に成功。次にカメラを下に向け、マニピュレーターにくくりつけた棒状温度計を見ようとするが、画像が不鮮明で目盛りは読めない。

モニター画面を見ながら、コードを解こうと潜水艇を操作する真田さん。

潜水艇が動かない

時刻はすでに午後三時近い。いったん浮上させて、採水タンクと温度計をはずしてから再び潜水させたい。しかし真田さんは

「回収に時間がかかるので、これを最後の潜水にして下さい」

とぼくたちに告げる。

そうなれば地形をもっとよく観察するしかない。重複する火口のある西方向に移動する。その火口壁を越えようとしたとき、潜水艇が動かなくなってしまった。どうやら岩塊がゴロゴロしているクレーター内部をいろいろな方向に移動したため、コードが絡まってしまったようだ。真田さんは、前後のカメラで確認しながら潜水艇を移動させて絡みを解こうとしている。しばらくすると、岩の下にコードが

ひっかかったコードと必死で格闘する3人。

しっかり入り込んでいる画像がモニターに映し出された。マニュピュレーターが使えればなんとかなるかもしれないのに、肝心のマニュピュレーターは採水タンクの開閉レバーとつながれているために、自由に動かせない。

真田さんは、工夫を重ねるがうまくいかない。三〇分以上も経過し、焦りの表情がありありと見えてくる。ぼくは何も手伝うことができず、やたらと出てくる生あくびを必死でこらえるだけだ。コードはすでに三〇〇メートル近くも伸びている。船上からたぐり寄せればうまく解けるかもしれない。三井造船の小出さんと中村さんは、先ほどから二人がかりでコードを必死にたぐり寄せてはいるが、一〇〇メートルほどたぐり寄せたところで急に引きが強くなる。二人の大学院生、下司君と長井君も手伝ってたぐり寄せるがコードはほとんど動かず、うっかり力を抜くと何十メートルも海に戻されてしまう。まるで時間制限なしの綱引きのようだ。真田さんもモニター画面を見つめて一時間以上も奮闘しているが、事態はいっこうに改善されない。潜水艇と船上のコード、どちらの側からも手の打ちようがない。考えてみれば、日常生活でも数メートル程度の電気コードやホースだって簡単に絡まってしまうのだから、水中でのコードの扱いの困難さは想像できる。岩塊がゴロゴロしている火口底で、あちこちと見たいところを指示したことに、ぼくは後ろめたさを感じていた。

真田さんは携帯電話で会社と連絡をとって、次善策を相談している。結論は、東京から明日もう一台の無人潜水艇を呼び寄せ、この無人潜水艇を引き上げるとのことである。今日は、無人潜水艇を海底にそのまま放置し、それにつながっている長さ八〇〇メートル、重さ一五〇キログラムのコードは「おしどり」の甲板にある制御部から切り離し、「おしどり」の救命フロートにロープでくくりつけて浮かべておくことになった。救命フロートは潮流で流されないように海底に降ろした錨と結ばれる。なにしろコードが太く長いために大変な作業で、切り離しだけで一時間もかかった。午後五時半、ようやく全作業が終了。太陽は傾き、強烈な日差しも弱まりつつある。

「おしどり」はエンジン音を高めて坪田港に向かって進みはじめた。

＊　＊　＊

翌二〇日朝、三宅島の陸上で作業中のぼくたちに、真田さんから連絡が入った。今朝再びコードを操作部に接続して試したところ、潜水艇はすんなりと動いて現在回収中とのこと。どうやら潮の動きによって、絡まったコードがはずれたようだ。これを聞いてホッとしたぼくたちは、ようやく昨日の海底火口調査の成功を素直に喜べる心境になった。

Ⅲ

コックピットからの大彗星

ヘール‐ボップ彗星を追って

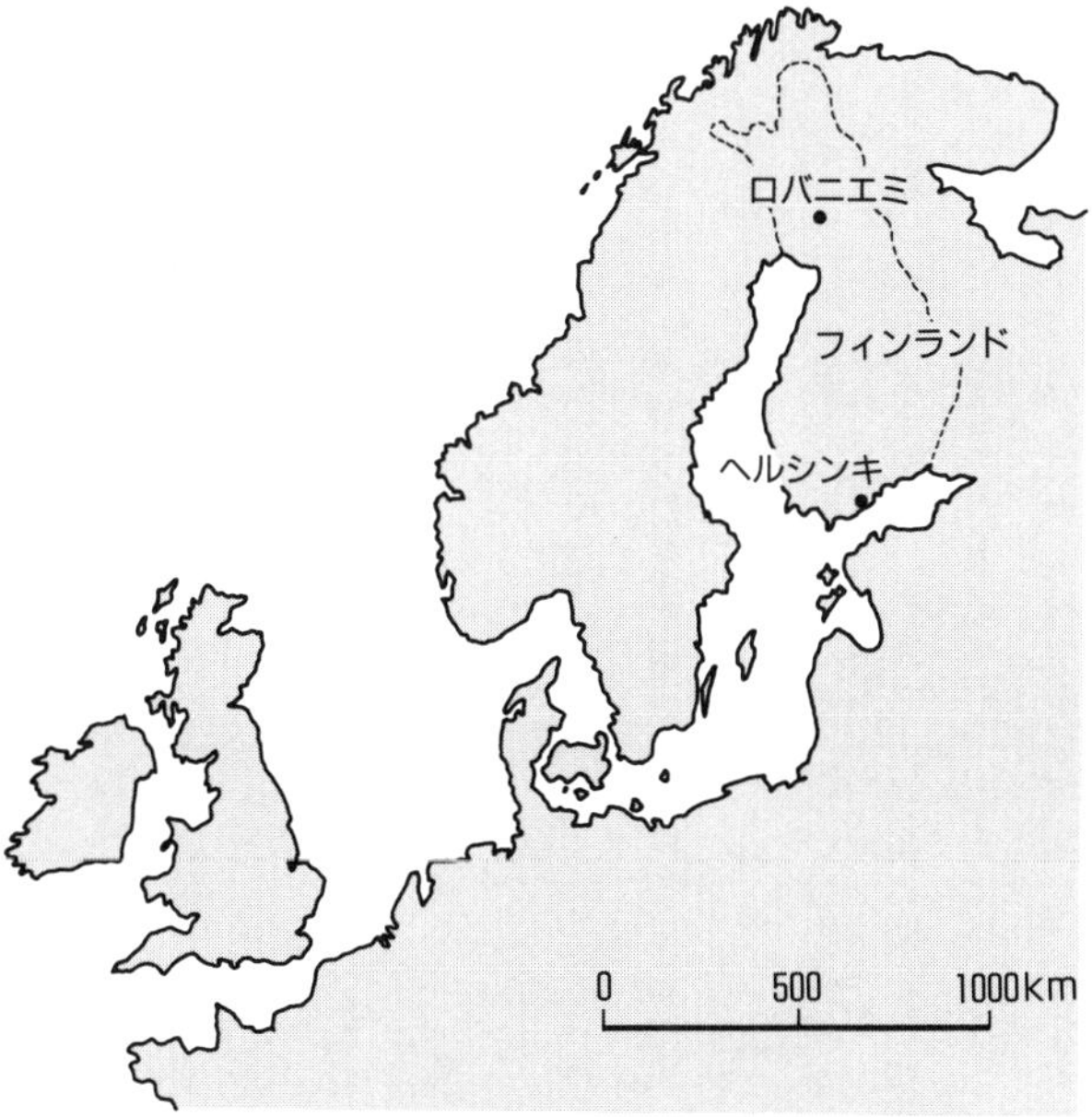

雪が降りはじめた。午後九時を少し回った頃、ぼくたちはようやく観測地に到着した。三月末のこの時期に薄明が終わるのは午後一一時過ぎである。しかし、厚い雲が空を覆い、あたりはすっかり暗くなっていた。南西の地平線にはロバニエミの町明かりが、上空の雲に反射してわずかに感じられる。雪は、しだいに激しくなってくる。たぶん最終日の今夜も見えない。ともかく観測機材のセッティングだけは済まして、レンタカーの中で待つことにした。今回の旅は、まったくついていない。

今回のヘール - ボップ彗星の観測地点は、緯度六六度五七分、北極圏に入ったフィンランドのラップランドである。ここまで来たのは、もちろんヘール - ボップ彗星を最高の条件で見るためだ。太陽に最接近する一九九七年三月下旬、ヘール - ボップ彗星の日本での高度はわずか一〇度、それも夕空に一時間しか見えない。このラップランドでは高度四〇度にもなり、しかも周極星となって真夜中でも見ることができる。二〇数年前には、ベネット彗星、ウエスト彗星と明るい彗星が続けざまに来た。当時、この程度の彗星は数年ごとに来るものだと思って、ぼくは見過ごした。そして二〇年以上も待つ羽目になってしまった。昨年三月には百武彗星を見て満足はしたものの、今回のヘール - ボップ彗星は、違った意味での大彗星である。

彗星はほうき星とも呼ばれ、英語ではコメット（comet）で髪を意味する。その名のように長い尾をなびかせながら、夜空を駆け巡る。彗星の本体は、直径数キロ～数十キロメートルの核からできている。核の成分は八〇％が水、残り二〇％が二酸化炭素と一酸化炭素だ。その他に微量成分として、炭素、窒素、水素の化合物や岩石質の塵が混じっている。イメージとしては「汚れた雪だるま」にたとえられる。「汚れた雪だるま」が太陽に接近して熱せられると、表面が少しずつ溶けて蒸発して、太陽と反対方向になびく尾ができる。彗星は、太陽を球殻状にとりまく半径一光年の彗星の巣（オールトの雲）や、海王星の外側に円盤状に広がるカイパーベルトからやってくると考えられている。

ヘール - ボップ彗星が騒がれているのは、数百年に一度しか現れない巨大彗星であるためだ。彗星が発見されるのは、多くの場合、地球に最接近する数か月前である。昨年（一九九六年）三月に長大な尾で一躍有名になった百武彗星も、発見されたのはその年の一月下旬、つまり地球最接近の二か月前である。普通の彗星は、まさに「彗星のごとく」現れるのである。それに比べてヘール - ボップ彗星は、地球最接近の一年半前、木星の軌道よりも外側で発見された奇妙な彗星だった。

彗星は、彗星と地球との距離、彗星と太陽との距離のそれぞれの二乗に反比例して明るくなる。つまり、地球や太陽に接近するほど急激に明るくなる。この他に、彗星から蒸発するガスの量によっても明るさが変わってくる。百武彗星が明るくなったのは、地球との最接近距離が〇・一〇AU（天文単位、地球と太陽間の平均距離）と近かったのが理由の一つだが、ヘール‐ボップ彗星がマイナス一等級と明るくなるのは、地球との最接近距離が一・三一AUと遠いにもかかわらず、本体が巨大（直径二〇キロメートル以上）なためで、発見が早かったのもこのためである。

彗星（あるいは小惑星）が地球に衝突すると、クレーターができる。できるクレーターの直径は、衝突する彗星の直径の約一〇倍である。つまり、直径二〇キロメートルの彗星が地球に衝突すれば、直径二〇〇キロメートルのクレーターができる。白亜紀末の恐竜を絶滅させたクレーターの直径は、ほぼこの大きさである。このことからも、ヘール‐ボップ彗星のような巨大な彗星が地球軌道の近くまで来るのはまれなことが想像できる。実際、ヘール‐ボップ彗星のような巨大彗星の出現は、一七二九年の彗星以来のことだ。今回見逃したなら、このような巨大彗星を、ぼくは死ぬまで見る機会はないだろう。だからこそ、最高の条件で眺めたいのだ。

＊　＊　＊

ぼくが参加したのは、日通旅行渋谷支店が企画した「オーロラとヘール‐ボップ彗星観測の旅」である。参加者は五日間コースが五人、八日間コースが七人。最低催行人員一五人以下の定員割れのために添乗員はなし。三月二六日から三一日まで、五日間コースは三晩、ぼくの選んだ四月二日までの八日間コースは五晩も観測できる。滞在地ロバニエミは、ヘルシンキの北七〇〇キロにあり、フィンランド北部を占めるラップランド地方の中心地である。ロバニエミの三月の平均降水量はわずか二〇ミリ。日通旅行の担当者は、成田の出発時に、ヘルシンキでは快晴が五日間も続いていると告げていた。五晩も観測日があるのだから、最悪の場合でも一晩や二晩は観測できるだろうとぼくは思っていた。

到着したロバニエミの空港は、雪だった。ロバニエミでのガイド役は斉藤京子さん。現地人と結婚している三十代の女性だ。天気予報を尋ねると、嵐が近づいているのであと二日はよくないという。ロバニエミの人口は約三万。ホテルは、町中の二〇〇メートルほどの小高い丘の上にあるオーバスバーラホテルである。ホテルのまわりにはクロスカントリースキーのコースが巡らされており、その照明が一晩中灯され、観測条件はよくない。ぼくと飯島カメラマンは観測歴が長いという理由で、日本出発時に観測地選びをまかされていた。異国での観測地探しはなかなか難しい。ホテルからは一時間以内、一〇人以上が観測機材を広げられる十分なスペース、多少の雪でもアクセス可能、視界が開け、吹きさらしではない、そして完全無光害でありたい。ロバニエミ到着の翌日、一〇万分の一の地図を手に、ぼくと飯島カメラマンは朝からレンタカーで探しま

犬ぞりツアーに出発。

わった。ときどき降る小雪の中を二〇〇キロも走りまわって探したのが、ロバニエミの北東六〇キロに位置する今回の観測地である。

三日目の朝も雪で迎えた。でもあと四晩もある。冬のフィンランドに来る機会などめったにないから、ここでしかできないことを楽しむことにする。というわけで、この日はスノーモービルと犬ぞりツアーに参加することにした。三月末とはいえ、この地方の平均気温はマイナス五度、川は完全に結氷し、その上をスノーモービルで走りまわることができる。氷の上には雪が一〇センチほど積もり、スピードを上げると新雪が舞いあがって心地よい。インストラクターを先頭に、ぼくたちのスノーモービル一〇台が一列になって雪原を三〇分ほど走る。やがて犬ぞりの用意されたポイントに到着。そこで犬ぞりに乗り換える。

二〇頭のハスキー犬が牽引する犬ぞりに、四人ずつ乗り込む。今日の初仕事のせいか、犬も力を発散させたくて尻尾をふり、騒がしく吠えて興奮気味である。犬ぞり四台、八〇頭以上の犬が騒ぐと、たいそう賑やかだ。ロープをはずすと勢いよく引っ張りはじめるが、しばらくするとぼくたちのそりだけが遅れはじめた。男ばかり四人で重かったのだ。スノーモービルで併走しているガイドが、速く進んでいるそりから二匹の犬をはずして、ぼくたちのそりにつけてくれた。今度は、大丈夫だ。一〇分も走ると、焚き火のある休憩場所に着いた。焚き火を囲みながら、ソーセージを小枝の先に刺して焼いて食べたり、コーヒーなどを飲んで、ひとときを過ごす。横ではイヌイットの衣装をま

犬ぞりツアーの途中でソーセージを焚き火で焼きながら食べる。

とった青い瞳の女性がパンケーキを焼いてくれる。小雪は舞っているが、わずかに青空が顔をのぞかせている。今晩は見えるかもしれない。

しかし、その晩も雪だった。五日間コースの参加者は今晩が最後である。彼らは、外に出て空を見上げている。一〇時を過ぎた頃、ノックの音がした。

「雲間から北極星が見えています。今晩はずっと起きていて晴れ間を待っています」

不安と期待が入り交じったようすで、大学生の福田君がいった。

わざわざ北極圏まで来るのだから猛者ばかりかというと、そうでもない。たいそうな撮影機材をもってきたのはぼくと飯島カメラマンだけで、他の参加者は固定撮影のみ、あとはじっくり眺めて楽しむという眼視派が多い。もっとも眼視派といっても情熱は相当なもので、飛騨高山からの鍋島さんなどは、ご主人と高校生の息子さんを残して一人で参加したほどである。住まいは高山市郊外の標高七〇〇メートルにあるというから、自宅にいれば素晴らしいヘール・ボップ彗星が見えていたことだろう。運が悪いとしかいいようがない。

四日目の翌朝一〇時、五日間コースの五人はヘール・ボップ彗星をひとめも見ることなく、日本へ旅立った。空港に彼らを見送りにいくガイドの斉藤さんに、天気予報を尋ねた。回復が遅れていて、今晩もよくないという。いつもほほえみを絶やさず明るく話してくれるのは悪くないが、気が滅入りはじめたぼくたちには高すぎるトーンだった。

四日目の今日は晩の観測はあきらめて、クロスカントリースキーをすることにした。フィンランドに来てみると、この国がなぜノルディック種目に強いのかがよくわかる。急峻な山がなく、おだやかな丘陵と湖が点在するだけだ。もともとスカンジナビア半島は盾状地と呼ばれる二〇億年以上前からの安定地塊で、さらに最近一〇〇万年間に起こった何回かの氷期では厚さ二〇〇〇メートルもの氷床によって覆われ、地表の凹凸が削られたためである。滞在しているホテルの立つオーバスバーラの丘も、五万年前の氷床の削り残しである。おまけに一年の半分は雪の中。移動手段としてのクロスカントリースキーは、紀元前からこの地に根づいている。

この丘のクロスカントリーコースは、荻原健司をはじめとする各国のナショナルチームの合宿に利用されるほどで、雪はよく固められ、完璧に整備されている。ぼくと二八歳の独身青年の鈴木君、高校の理科教師の筑波いずみさんと息子のたかひと君、あきら君の計五人でクロスカントリースキーの講習を受けることにした。初老のフィンランド人コーチが、ぼくたちの技量を見ながら教えてくれる。クロスカントリーのスキー板の滑走面には工夫がされている。屋根瓦のような山型があり、前にはよく滑るが後ろへは戻らない。だからゆるい斜面は歩くように登ることができる。このほか、アルペンのスキー板のようなエッジがないこと、スキー靴の踵部分が固定されないなどの違いがある。このことに気をつければ、アルペンスキーの経験者は案外うまく滑れるもので、一時間半をかけて五キロコースを教えてもらいながら回った。講習はこれで終わりだが、元気な鈴木君と高校生の筑波たかひと君、そしてぼくは、もう一周することにした。実際にやってみると、これは雪の上のジョギングだ。ホテルに戻るときには、三人とも汗びっしょりになっていた。

その晩もやはり雪だった。春分を過ぎると目に見えて薄明が長くなり、暗くなるのは午後八時頃だ。天候が気になって夜中に何回も目が覚め、窓から外を見るが、雪は降り続く。午前三時過ぎには雪空が白みはじめる。

いよいよ最後の五日目になった。朝食後、ガイドの斉藤さんに電話で天気予報を尋ねる。天気の回復が遅れていて、晴天は明日以降になるとのこと。テレビの気象衛星の画像でも、スカンジナビア半島全体は雲の中だ。今年は三月二七日から三一日までがイースター（復活祭）である。イースターの期間は、ほとんどの商店が休みとなる。その徹底ぶりはみごとなもので、町には車も人通りもなく、死んだようにひっそり静まりかえっている。この小さな町で休日にできることはすべてやってしまった。しかし、ヘール - ボップ彗星観測のために残してあるぼくのエネルギーは、有り余るほどである。そして今晩もおそらく雪。じっとしているにはあまりにも辛いので、一人でクロスカントリースキーをやることにした。今日は一〇キロコースだ。

クロスカントリースキーの面白いのは、リフトのような機械力に頼らず、自分の力だけが頼りなことだ。下り坂なら時速三〇キロは出るが、その分どこかで登らなければならない。昨日はコースが短かったのでスケーティングで登れたが、今日のコースは登りが長い。疲れてきたので、一歩一歩登ることにした。傍らを地元の若者が、力強いステップで勢いよく駆け登っていく。結局、ぼくは一周に一時間五分もかかった。

すでにかなり疲れていたが、今日は余力を残すことがないほど心身ともに疲れたかったので、もう一周することにする。二周目の中盤からの登りで、がっくりとスピードが落ちてきた。汗ダクダクのぼくを、七〇歳過ぎのおばあさんがゆっくりと追い抜いていく。やがて後ろ姿も見えなくなってしまった。すでに足どりはジョギングからウォーキングに変わっていた。そのときである。松の木々に積もっていた新雪が、まぶしく輝きはじめた。振り返ると雲の切れ間から太陽がのぞいている。青空も広がりはじめた。重い足を引きずりながら、それでも今晩の期待を胸に、ホテルまでたどり着いた。戻ったのは午後三時、青空はますます広がっている。仲間も浮き立っている。ともかく今晩が最後である。曇っても悔いのないよう、午後八時に観測地へ出発と決定した。

しかし出発時刻の八時には、広がってきた薄雲がしだいに濃くなり、一面の曇天になった。ボルボのレンタカーとミニバンのハイヤーに分乗して出発。一時間かかって観測地に到着すると雪である。この五日間に三〇センチも積もっただろうか。到着して三〇分もすると雪はだんだん強くなった。それでも、ぼく以外の六人は元気である。雪の上にシートを敷いて騒いでいる。鈴木君、飯島カメラマン、まだ赤道儀の極軸合わせに悩んでいる中年の桜井さんの三人は、新雪の上に仰向けになって雪の降ってくる空を仰いでいる。レンタカーの曇ったフロントガラス越しにそんな彼らのようすを見ながら、寝込んでしまった。

気がつくと、もう一二時を回っていた。しかし彼らは、まだ外で騒いでいる。明日は出発が早い。雪の勢いは、相変わらずだ。もう戻ろうと声をかけたが、誰一人として同意しない。ここでの天文薄明開始は午前一時五〇分である。それまで待つことにした。

予定の時刻が来た。結局あきらめて戻るしかなかった。

＊　＊　＊

ロバニエミ空港で、ヘルシンキ→成田行きフィンランド航空〇七三便の左の窓側席になるようにリクエストを入れておいた。出発時刻は午後五時二〇分、もちろんヘール・ボップ彗星が見える席をとるためである。しかしヘルシンキ空港に着いてみると、五時間前のリクエストは無視され、すでに左の窓側席の大半は埋まっていた。結局、ぼくたちの一人しか左窓側席に座れない。その席は飯島カメラマンが座ることになった。ぼくは右の窓側、隣の通路側は鈴木君である。機内での夕食後、一時間もすると夕暮れが訪れた。やがて機長から左側後方にヘール‐ボップ彗星が見えるというアナウンスがあった。

今回のヘール‐ボップ彗星の接近では、運がなかった。この旅の二週間前に参加したモンゴルでの「ヘール‐ボップ彗星と皆既日食観測ツアー」では、日食当日の朝は雪。そこではヘール‐ボップ彗星が見えるはずの朝四時には大型バスの中に避難していなくてはならなかったし、ロバニエミでの五日間は雪。そして四月一日の今日、太陽最接近の日のヘール‐ボップ彗星も、反対側の窓側でじっとしているしかない。

そろそろ中年にさしかかったぼくが、機内をばたばたと移動するのはみっともない。しかし、日本に帰ると春霞の季節だ。たぶん今が見納めである。思い切ってスチュワーデスに話してみることにした。こういうときには微妙な話の襞《ひだ》まで伝わる日本人スチュワーデスがよい。

ぼくたちの乗っているエコノミークラスの左窓側は満員だった。しかし、ビジネスクラスの窓側は空いているかもしれない。わずかな時間でもそこから覗かせてもらえれば……。そんなことを考えながら、ヘール‐ボップ彗星撮影のために三〇キロもの機材を携えてやってきたのに、滞在中の五晩はまったく見えなかったことを切々と日本人スチュワーデスに説明した。ここまでこだわる自分が恥ずかしかったが、でもそうするしかなかった。

「では、少しお待ち下さい」

彼女はそう言い残して、前方に歩いていった。しばらくして戻ってきた彼女は、トイレの横で待っていたぼくに小声でささやいた。

「ただいま、機長の許可がおりましたので、コックピットにご案内いたします」

ぼくは耳を疑った。急いで自分の席に戻り、鈴木君を連れてコックピットに向かった。

ドアが開くと、何百という計器がイルミネーションに照らし出され輝いていた。機長に礼をいうと、機長は左横を指してあそこにヘール‐ボップ彗星が見えると教えてくれた。そして、イルミネーションのボリュームを落とした。

この〇七三便は二五〇人乗りのボーイング767だが、コックピットの窓は大きい。サイドウィンドウは幅七〇センチ・高さ五〇センチもあるから、面積にすれば客席の窓の一〇倍もある。客席の傷の多いプラスチックの二重窓に対して、強化ガラスのよく磨かれた一枚窓である。

客席からもってきたブランケットを頭にかぶり、ガラス窓に額を寄せ、ヘール‐ボップ彗星を見はじめた。二〇度の高さに、明るい黄色のダストの尾をもつヘール‐ボップ彗星がぽっかりと浮かんでいる。青く淡いイオンの尾はほぼ垂直に立っている。

しばらくすると目が慣れてきた。下界のロシアは、びっしりと厚い雲海に覆われている。北の地平線をなす雲海上には、薄明の残照のような光がうっすらと見える。時刻は一二時近くだから、これは薄明ではない。動きはほとんどないが、数か所に縦縞のような濃い部分があるので、間違いなくオーロラ、生まれてはじめて見るオーロラだ。北極星のはるか下、水平に横たわる天の川もしだいにはっきりしてくる。窓の右端にはベガ・アルタイル・デネブの夏の大三角、正面にはカシオペヤ、左にはぎょしゃ、さらに左端にはふたごのカストル・ポルックスが見えている。天の川のやや下にヘール‐ボップ彗星の頭部がある。頭部は、明るく輝く芯のまわりを満月のように大きく淡い部分がとりかこむ。ダストの尾は刷毛で描いたように明るく太い。天の川にかかったイオンの尾は、ペルセウス二重星団を覆い、天の川を突き抜けて、消えるようにバックの星空にとけ込んでいる。いずれの尾も長さは一〇度以上もある。

もし地上ならば、いくつものカメラをかかえ、時計を気にしながら忙しく動きまわっていることだろう。しかし高度一万メートルのここでは、撮影から解放され、じっくりと眺めることだけができることのすべてだ。双眼鏡も、望遠鏡も使わずに、ゆったりと眺めるヘール‐ボップ彗星。淡い天の川の白色、イオンの尾の青色、ダストの尾の黄色、オーロラの緑色、これらのコントラストが妙に鮮やかだ。横では、旅行中に伸ばし放題で髭ぼうぼうになった鈴木君が、ブランケットをかぶってじっと見つめている。何にでもすぐ話を合わせるので、ずいぶん軽率なやつだと思い込んでいたが、彼の目にうっすら涙が光っている。

五分も眺めただろうか。これが見納めだ。鈴木君に合図を送り、礼を述べて立ち去ろうとした。ところがスチュワーデスはパイロットとのおしゃべりに忙しく、ぼくたちの素振りに気づかない。ぼくと鈴木君はブランケットをかぶり、再び窓に額を押し当てた。

ヘール - ボップ彗星（1997年3月18日、日光戦場ケ原で撮影）。

星空を駆け巡るカーテン

アラスカでオーロラを見る

オーロラは、オーロラベルトと呼ばれる地磁気緯度六五度～七度でもっともよく出現し、そこでは一年に二〇〇日以上も見られる。磁北極は地理上の北極からは一一度、ニューヨーク側にずれている。このため、オーロラベルトが陸上を通過するのは、北半球ではアラスカとカナダ北部、スカンジナビア半島北部だけとなる。オーロラは、太陽から放たれる太陽風（プラズマ流）が地球の上層大気と衝突し、そのエネルギーで発光する現象だ。このため、太陽の活動周期である一一年ごとに見頃がやってくる。太陽活動の活発化した二〇〇〇年は、その入口に当たる年である。見頃があと数年続くからとのんびりしていて前回は好機を逃してしまったので、今回は早めにオーロラを見にいくことにした。

＊　＊　＊

海外の星空撮影では、レンタカーで気ままに最適地を探して動くのがぼくのやり方だ。しかし、極寒の地で深夜レンタカーが動かなくなることは、死を意味する。そこで、オーロラ撮影初体験のぼくは身の安全を考え、アラスカ・チュナ温泉オーロラツアーに参加することにした。期間は二月五日～一一日の六泊七日。この時期は寒いけれども夜は長い。五日が新月なので月明かりによる妨げもなく、天気に恵まれれば条件はよい。しかし参加者はたったの四人、そのため、最初の予定ではついていた添乗員もなし。参加したのは札幌市の中尾さんと千葉県の絵鳩さんの二人の女性、愛知県の太田さんとぼくの二人の男性である。ぼくたち三人は四〇歳代半ば、そして絵鳩さんがぼくたちより一〇歳若く、中年四人組といったところだ。大きな団体よりもかえって行動がしやすい。

成田を出発してからシアトル・アンカレジ・フェアバンクスと乗り継いで、ぼくたちがチュナ温泉に到着したのは二日目の午後四時。積雲がところどころに浮かんでいるが、夕陽がまぶしくログハウスのロッジを照らしている。どうやら今晩はオーロラが見えそうである。レストランで二日ぶりにゆっくりした夕食を終えた頃、ルームキーをもってきた日本人スタッフが「オーロラが出ていますよ」と教えてくれた。外に出るといつの間にか雲は消え、西の空高くにオーロラが見える。下部は緑色、上部はピンク色で、夕焼けがわずかに残る西空とのコントラストが鮮やかだ。

チュナは、フェアバンクスから北東一〇〇キロにあり、一九世紀末にアラスカの金鉱掘りたちが発見した温泉である。周囲をゆるやかな丘に囲まれたこの谷がオーロラ見物の最適地であることが知られ、世界中からオーロラウォッチャーたちが集まるようになったのは、二〇年ほど前のことである。やがてオーロラ人気とともにチュナ温泉は発展した。現在のチュナ温泉にはレスト

ラン棟、一棟が四〜八部屋からなる一〇棟のロッジ群、そして昨年できた二階建てのホテル棟がある。その横には屋内の温水プールとジャグジー、今年できたばかりの露天風呂がある。反対側にはセスナの発着する滑走路があり、全体として小さな村といった感じである。

初日は、宿から一〇分ほどの丘の中腹にある観測小屋からオーロラ見物をすることにした。午後八時に到着、ぼくたち四人が一番乗りだ。小屋には、オーロラの出やすい北側に大きな窓があり、中で暖をとりながらオーロラの出現を待つことができる。しかし目が慣れてくると、眼下に煌々《こうこう》と輝いている街路灯やロッジの明かりが木陰から漏れるのが気になりはじめた。オーロラ見物を売り物にしているのならば、光が上に漏れないようにシェードをつけるなどの配慮があってもよいはずなのに……。すばるの星々がやっと七つ数えられる程度で、透明度もよくない。

三〇分ほどすると見物客が次々と登ってきて、一〇時過ぎには三〇人にもなっていた。飛び交う会話は日本語がほとんどだ。その中に、一〇年もオーロラツアーの添乗をしている人がいた。彼によると一昨日まではずっと天気が悪く、昨日になって久しぶりにオーロラが見えるようになったとのこと。しかし、明日からはしばらく悪天が続きそうだという。ぼくたちは焦った。こうなると、今日は少しでもよい条件で見ておきたい。今なら雪上車によるオーロラ観測ツアーにまだ間に合う。これは午後一一時から約三時間、三キロ離れた小高い丘の上に雪上車で登って、オーロラを眺めようというツアーだ。一人六五ドルと安くないが、ぼくたちは急きょこのツアーに参加することにした。

一〇時五五分、ロッジ脇に集まった約三〇名の参加者は日本人ばかりであった。

「オーロラだわ」

木立の間の西天にオーロラが輝くのを見つけて誰かが叫んだ。開けた場所に移動すると、東天からもオーロラが広がりつつあり、ゆっくりと揺らめきながら天頂に伸びている。期待は膨らむ。

ぼくたちは二台の雪上車に分乗して、丘上を目指した。車内の暗闇に目が慣れると、屋根はプラスチック製で天頂が見えることに気づいた。天頂は幅広いオーロラに覆われており、どんどん形を変えていく。帯が三つになったかと思うと数秒後には五つになっている。速い。いったいいつまで続くのだろう。汚れたプラスチックの天井越しに見るのは歯がゆかった。

五分後、ぼくたちの雪上車が丘上に着いた。オーロラは、名残が北天にとどまるだけで、先ほどまでのあの活発な動きが嘘のように貧弱なものとなっていた。丘の上はテニスコート三面ぐらいの広さで、そこにトラックの荷台ほどの金属製の小屋が二つある。外には木製の長椅子がいくつか並んでいる。小屋から出たり入ったり、撮影ポイントを探したりしながら、それぞれ時間をつぶしている。はるか南にフェアバンクスの街灯りが、薄雲に反射してよくわかる。一二時頃、ゆっくり動くオーロラが現れたがしだいに厚雲に覆われてしまった。一二時半、その日のオーロラ見物は終わりとなった。

チュナのような原野の施設で困ることは、昼間にやることがないことだ。昼間も遊びたければ、都市に泊まって、毎晩観測ツアーに参加して郊外まで行けばよい。しかしそうすると観測時間が短い。どちらにするかは難しい。

二日目は午前一〇時過ぎに目を覚まし、レストランに行って朝食兼昼食を済ますとあとはやることがない。といっても寝てばかりでは体に悪いので、クロスカントリースキーをやることにした。いくつかのコースがあったが、ぼくは一番短い三キロメートルのコースを走ることにする。白樺や針葉樹がまばらな雪原をコースに沿って走る。一応はコースがつくってあるが、整備が悪く、でこぼこしてスキーが滑らない。おまけにコースを走っているのはぼく一人だけだ。最初の一キロメートルは真面目に走ったが、あとは馬鹿らしくなって休みながら進むことにした。しばらくすると、高い針葉樹がほとんどない開けた場所に出た。ロッジからは歩いて一五分ぐらいだろう。ロッジの自家発電のエンジン音がかすかに聞こえるだけで、このくらい離れれば明かりはほとんど届かない。今晩からの観測地はここに決めた。

ロッジに戻ったのは午後二時。まだ時間があるので温水プールに行く。プールは思ったよりも狭く、水路は二〇メートルしかない。泳いでいるのは白人の子供ばかりだ。少し泳いでからプールサイドのジャグジーに入り、それから露天風呂に行く。露天風呂というと聞こえがいいが、地面に穴を掘って周囲に石を並べただけという感じだ。水着着用でもちろん混浴である。外気温はマイナス一〇℃なので、温泉のお湯はすぐに冷めてしまってぬるい。お湯の出口は日本風に滝のようになって暖かそうだが、そこには日本人のおばさん十数人がたむろしていて、近づき難い。添乗員の悪口や自分たちの持病の話ですっかり盛り上がっている。なんだか日本のヘルスセンターにいるような気分だ。

このチュナ温泉の宿泊客の九五％は日本人だ。アメリカ本土でも北部に住んでいれば地元でオーロラを見るチャンスがあるので、わざわざ高い金を払ってオーロラ見物に来ないのだろう。日本人の中でも六〇歳代の女性客が圧倒的に多い。この世代の女性は、戦後のどさくさで十分な教育を受けられなかったためか、何でも見てやろうという知識に対する欲望がすごい。最近の淡泊な若者に見習って欲しいほどだ。昨晩の帰りの雪上車の中でも「今晩のはたいしたことなかったわねえ。去年のイエローナイフで見たのはもっとずっとすごかったわ」などと平然と話しているリピーターがいる。それにしても、この世代の日本のおじさんはどこに行ってしまったのだろう。

二晩目、三晩目はあの添乗員の言葉に反して快晴となった。

二晩目は午後九時前に観測地に到着した。スキーのコースは七〇センチ幅で踏み固められているが、コース外側には雪が積もっていて三脚がもぐってしまう。雪が固まるにはいったん溶けて水になることが必要で、日中でもマイナス一〇℃以下のアラスカでは何回踏んでもパウダースノーのままである。結局、三脚を短めにしてコース上に立てるしかない。一一時五〇分頃に明るいオーロラが広がった。懐中電灯なしで歩けるほど明るく雪面は照らされたが、十数分もするとしだいに淡く広がってしまう。しかし、消えたかと思うとうっすらと明るさを増し、数秒ごとに空のあちこちで点滅を繰り返している。どのようなメカニズムかわからないが、不思議な現象だ。

そんなことが三時間以上も繰り返されていたので、しまいには飽きてしまった。午前五時半まで粘ったが、明るいオーロラが出現することはなく、ぼくはロッジへ戻った。

三晩目、オーロラはなかなか現れなかった。午前一時一〇分、北天の東西を結ぶように伸びる光の帯がしだいに明るさを増し、ゆっくりと、しかしあまり位置を変えずにうねりはじめた。明るくはなったが、動きは鈍い。カメラを向けて撮影はするものの、とらえどころがない。わずかに広がったところで淡い白雲のようになり、また昨夜のように点滅をはじめた。この点滅は昨夜見飽きたので、午前四時には退散することにした。

最後の四晩目である。今までは昼間が曇り、夜が晴れというパターンだったが、今日は昼から快晴だった。日中でも気温は上がらず、温度計はマイナス一五℃をさしていた。何日かぶりで月を見た。夕陽に照らされた丘の上に白く細い月が横たわっていた。ぼくたち四人はロッジのレストランでいつものように夕食を済ませ、ぼくだけ早めに観測地に向かった。歩いていると、呼吸をするたびに鼻の穴がちりちりと痛い。吐く息に含まれる水蒸気が鼻毛に凍りついているのだ。

午後九時前にはいつもの観測地に着く。カメラザックの温度計はマイナス二三℃をさしている。空は意外に明るい。特に北天では、冬の天の川が霞んでしまうほどだ。オーロラになれなかった微弱なプラズマ流が、淡い夜光を発光させているのだろうか。南天では夜光が少なく、地平線直上のオリオン座は低空にあるにもかかわらず、日本の高山並みによく見える。チュナ温泉は北緯六六度だから北極星の高度は六六度のはずだが、実感としては天頂に近い。星々はここを中心として回り、天の赤道付近の星座は横に滑り落ちるように沈む。オーロラは現れそうもないので、カメラを南天に向け、針葉樹林を前景にして横に滑り落ちるオリオン座の流し撮りをする。

午後一一時になってようやく太田さん、中尾さん、絵鳩さんがやってきた。気温はすでにマイナス二七℃まで下がっていた。厳寒用の羽毛服の上下、それにマイナス四〇℃まで耐えられるソレール社の耐寒靴を履いているが、じっとしているとそれでも寒い。足踏みをしながらとりとめもない話をして寒さをこらえる。絵鳩さんは体調が悪いようで、ほとんど話に加わらない。オリオン座の下半分が地平線に沈み、東天にはしし座が低く横たわる。相変わらず夜光で明るい北天には、周極星となったこと座やはくちょう座が下方通過をしている。カシオペヤ座からぎょしゃ座にかけての天の川とわずかに斜交して、東西を結ぶように黄道光ほどの明るさの帯がある。この帯がオーロラに発達するかもしれない。

午前一時四五分、丘上での観測ツアーを終えた雪上車が、たいした成果もなくロッジに戻っていく。午前二時、中尾さんと絵鳩さんはここでの観測をあきらめてロッジに戻っていった。彼女たちは、オーロラを自分の目で見ることを楽しみにしているので、カメラはもっていない。きっとロッジの窓からオーロラをチェックしながら過ごすのだろう。写真派の太田さんとぼくが残った。午前三時、太田さんはロッジへと去り、ぼくひとりだけがぽつんと雪原に残された。

この日は明け方まで粘るつもりだった。都会に住んでいるぼくにとって、澄んだ星空を眺める機会は年々少なくなっている。そんなぼくにとって、このような星空にどっぷりと浸かっていられるのは、オーロラが見えなくとも幸せなことだといえる。とはいえ四晩も毎日六時間以上マイナス何十度もの雪原で、いつ現れるともしれないオーロラをじっと待っているのはつらいものだ。一人で星空を眺めていると、さまざまなことが頭をよぎる。かつて巡った国々での星空のこと、最初に買った望遠鏡のこと、失った友人のこと、家族の将来のこと、……。しばらくすると、また同じことが頭の中を巡っている。じっとしているとあまりの寒さに耐えきれないので、数百メートルのスキーコースを繰り返し歩く。

午前四時、相変わらず淡い光の帯が北天を横切っているままだ。帯の一部がわずかに明るさを増したかと思うと、また暗くなって大きな変化はない。午前四時三〇分、残されたのはあと一時間半。今晩は運がなかった。しかし昨日までの三晩は天気にも恵まれ、ほどほどのオーロラが見えたのだから、これでよしとしなければならない。しかし、一晩目の雪上車の天井越しに見た激しいオーロラのことを思い出すと、無念さが残る。

そのときである。東の地平線直上で光の帯が輝きを増し、みるみるうちに天頂まで伸びた。輝

カシオペヤ座をかすめるオーロラ。24mmレンズ使用。

天頂を覆うオーロラ。対角魚眼レンズ使用。

きを増した光の帯に、今度は垂直方向に光の筋がくっきり浮き出る。待望のカーテン状オーロラだ。カーテンの下部はグリーン、上部は淡いピンク色を帯び、細かく波打つ。西の地平線から伸びてきたオーロラとつながって、動きが激しくなる。

急いで撮影にとりかかる。カメラは二四ミリF一・四広角レンズ付のイオス1Nと対角魚眼レンズ付のニコンFM、いずれにもISO一六〇〇のエクタクロームが入れてある。イオス1Nは段階露出機能を使って四秒、八秒、一五秒の自動露出。しかしシャッターを開けている間にも、オーロラは目まぐるしく形を変えてしまうので、激しい動きを切り取ることはできない。一回目の段階露出が終わると、オーロラはさらに南天や北天にまで広がってしまい、どこにカメラを向けてよいか迷ってしまうほど

ペルセウス座を横切るオーロラ。24mmレンズ使用。

カーテン状オーロラ。24mmレンズ使用。

だ。カメラの選択、フレーミングの切り方、カメラの縦位置・横位置、それに木々の枝ぶりも気になる。よい前景を探して数十メートルを行ったり来たりする羽目になる。じっくりと構図を決め、数十分も露光するのが天体写真では当たり前なのに、このように忙しく動きまわって撮影しているのは不思議な気分だ。

あっという間にフィルムがなくなる。下を向いてフィルムを替えていると、嬉しさがこみあげてくる。再び撮影をはじめる。オーロラはねじれていたり、直線的であったり、いったん消えたかと思うと再び現れては勢いを増して星空を駆け巡る。三本目のフィルム交換が終わった頃、ようやく勢いは衰えた。空全体がオーロラの残照で明るく、四等以下の星は見えない。一瞬薄明がはじまったかのような気がしたが、時刻はまだ午前五時一〇分、オーロラの残照が途切れた部分には暗い星々が見え隠れしている。

薄い手袋しかつけていない手と顔は冷たかったが、体は汗ばんでいた。待望の躍動感のあるカーテン状オーロラを見たという至福感、力を尽くして撮影したという満足感、そして心地よい虚脱感が入り交じった。やっとこの生活から解放される。チュナ温泉を出発するのは午前八時、戻るべき時刻は迫っていた。さあ、帰り支度をしなければならない。

月夜の露天風呂

伊豆大島で星に触れる

御神火茶屋《ごじんかぢゃや》の展望台に立ち、三原山を目の前にすると、ようやく大島にやってきたという気になる。大島を訪れたのはこれで一一回目。最初は高校三年の春休み、友人四人での旅行だから三〇年も前のことになる。

一九七八年春、ぼくは発行されたばかりの岩波新書『火山の話』(中村一明著)を手にした。その本の「結構大きいじゃないか」ではじまる大島の解説のすばらしさに惹かれて、大学院では中村一明先生に師事し、火山地質学を専攻することになった。

一九八六年の伊豆大島噴火は、そんなぼくが体験した初の本格的な噴火となった。ゆっくりとカサカサ音を立てて接近する灼熱の溶岩。鼻をつく火山ガスのにおい。空を焦がす溶岩噴泉。鳴り響く空振……。すべてが新鮮だった。このとき撮影した写真が月刊科学雑誌『ニュートン』に多数掲載されたことがきっかけとなり、ぼくは火山の写真に本格的にとりくむことになった。拓也は、その翌年五月に生まれた。

それから一三年の時が過ぎた。拓也は身長一七二センチと大きくはなったが、まだ身体はきゃしゃで、子供とも大人ともいえない年頃である。最近は家族旅行の回数も減り、昨年は一回も行かなかった。あと数年たつと、一緒に旅行する機会はなくなるかもしれない。

「大島に行かないか」

ぼくが尋ねるが、拓也はすぐには答えない。半日たってから

「やっぱり行きたい」との返事が返ってきた。

「大島ってどのくらいの大きさなの」

「一周するとちょうどマラソンコースがとれるくらいだよ」

生まれてはじめての船旅と火山島。拓也の期待が膨らんできた。

＊　＊　＊

打ち合わせ

今回の大島行きは、天文月刊誌『星ナビ』二〇〇一年四月号の星見旅ガイド「星空ウォッチング」という一〇ページの特集記事取材のためだ。親子で伊豆大島を訪れ、星と火山を語らせるという企画である。船中一泊、現地一泊の二泊三日の旅となる。

出発二日前の二月七日夜、編集者の高田さんと飯島カメラマンが打ち合わせに自宅にやってきた。高田さんはすでに東海汽船とは交渉済みで、伊豆大島との往復の船の手配、現地の宿などは決まっている。このような雑誌の記事では、船会社や航空会社が無料で切符を提供してくれる場合が多い。宿泊も系列のホテルなどを無料で提供してくれる。記事の中で船やホテルなどがとりあげられれば宣伝になるし、そうでなくとも大島への観光客が増えれば利益になる。高い広告料金を払って雑誌に広告を出すよりも効果的なことが多い。記事中に「協力〇〇〇」というように載せられる。一方、雑誌社にとっては取材費用を大幅に削減することができる。しかしあまりこのシステムに頼りすぎると、協力会社に不都合な部分は書けなくなってしまい、雑誌の独自性が失われるので注意しなければならない。

ぼくと飯島カメラマンの意見を聞きながら、高田さんがだいたいのスケジュール、写真の絵コンテなどを書いていく。案内人、カメラマン、編集者の三者で取材するのが普通だけれども、今回は飯島カメラマンとぼくが何回も一緒に行動しているし、ぼくが大島での経験が長いということで、編集者抜きの取材となる。途中で、二人に拓也を紹介する。名刺を渡されて拓也は嬉しそうな顔をしている。

「わあ、すごいんだ。高田さんの名刺は裏が英語で書かれている」

この二枚の名刺が拓也が生まれてはじめてもらった名刺に違いない。午後一一時過ぎ、二時間あまりの打ち合わせが終わる。

満月の航海

出港時間を三〇分勘違いしていたため、出港の五分前に竹芝桟橋に到着し、飯島カメラマンと合流。最初から冷や汗をかいてしまった。今回乗船するのは、東海汽船のかめりあ丸（三七五一トン）である。

「これが特一等なの」

船室に入ると拓也は二段ベッドが左右に並び、窓側には小さなテーブルと椅子があるだけの部屋を見てがっかりしている。一等の上に特がつくのだから外国航路の豪華客船の船室を想像したのだろう。

「お父さんはいつも二等だから、拓也が最初から特一等を使うのは贅沢だよ」とたしなめる。

銅鑼の音が鳴り響き、竹芝桟橋を二二時出港。東京～大島間は一五〇キロメートル。そのまま進むと夜中の二時に着いてしまうので、羽田沖で一時間停泊、大島沖で再び停泊して午前六時に大島上陸となる。出港すると、まもなくレインボーブリッジを仰ぐように通過する。お台場の観覧車やビックサイトなどのイルミネーションが賑やかだ。

羽田沖での停泊中にブリッジを見学させてもらう。二〇畳ほどの広いスペースに、重量感のある操縦装置が並んでいる。船長の土屋喜邦さんに説明を聞く。交通量の多い浦賀水道は神経を使うとのこと。片側七〇〇メートルほどしかなく、一二ノット（約二〇キロメートル）の速度制限がある。夜間でも安全に航海できるよう、室内はほどよい明るさにコントロールされている。窓際の専用棚にニコンの双眼鏡二台が置いてある。一台は高級タイプのSPで、誇らしげに船長用というテプラが貼りつけてある。後方には海図を広げる机がある。ぼくが海図を熱心に眺めていると、拓也は別の場所をうろうろしている。戻ってきて「神棚があったのでびっくりしたよ」と驚いている。近代的な機器と神棚との組み合わせが不思議だったのだろう。

ブリッジ見学の後、甲板に出て空を見た。風が冷たい。明日の天気予報は曇り。見上げると満月が雲間に見え隠れしている。持参したキヤノン一五倍五〇ミリＩＳ双眼鏡を向けてみる。スタビライザーのスイッチをオンにすると、ふらついていた月がスーと静止する。すでに満月から五時間が過ぎ、欠け際にラングレヌスやペタビウスなどの大クレーターが見える。今日は今年で一番月が近い日でもある。気のせいか、月がとっても大きく見える。

西には木星や土星がすでに傾きかけている。細長く開いた晴れ間に合わせたように明るい流星が流れた。マイナス一等級ぐらいだろうか。

「一九九八年のしし座流星群のときよりもすごいねー」

ぼくはうなずく。明日は、晴れるかもしれない。

三原山に登る

雪の三原山を見るのははじめてだった。一〇日前に降った雪はまだらに残り、昨晩の雪がその上をうっすらと覆っていた。三原山（標高七六四メートル）は、直径四キロメートルのカルデラの中にある高さ二〇〇メートルの中央火口丘である。三原山の大部分は、一七七七年の安永噴火の噴出物が積み重なってできた。

大島は、南北一五キロメートル、東西九キロメートルの伊豆七島最大の火山島である。島の北側には岡田火山、東側には行者窟火山、筆島火山という数十万年前の古い火山の跡が残っている。

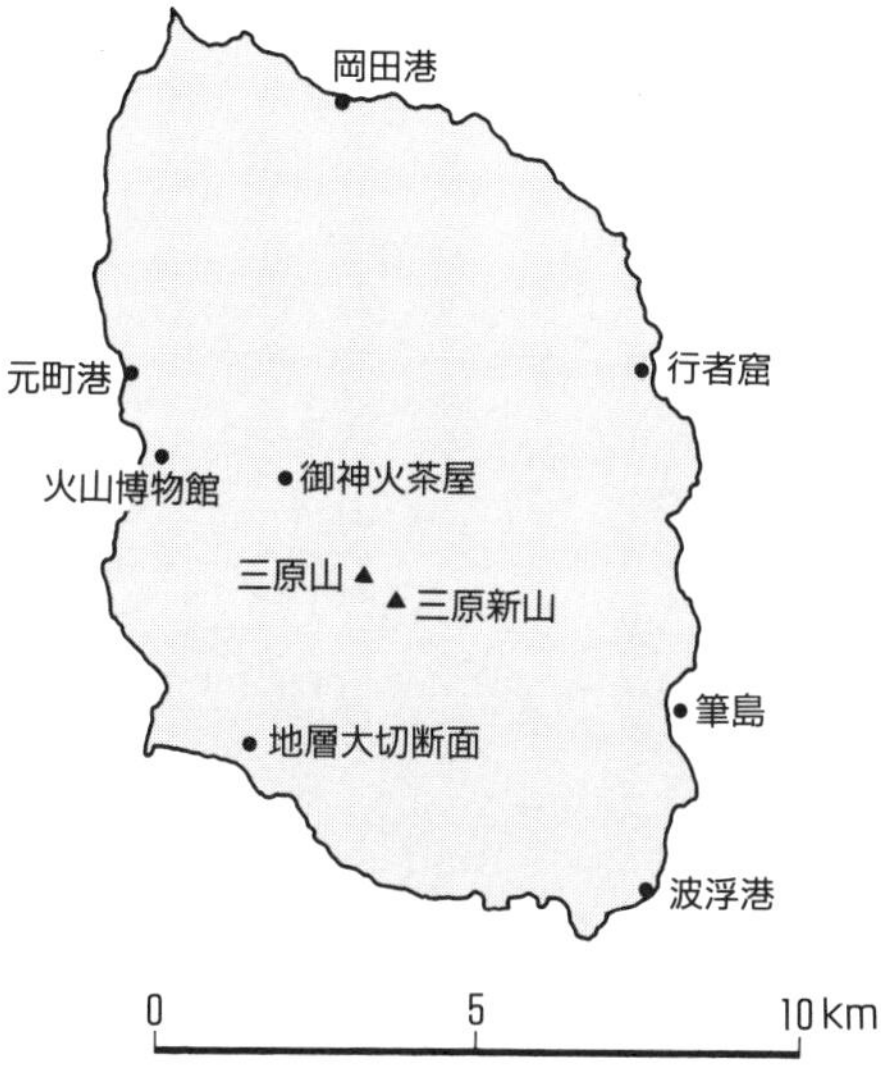

大島火山は四万年前、これら古い火山の間に誕生した。平均百数十年ごとに大噴火(噴出量二億トン以上)を、数十年ごとに中小噴火を繰り返して、溶岩や火山灰を噴出して成長している。粘りけの少ない玄武岩マグマを噴出するために、ゆるやかな山体の火山となった。

大島火山の大噴火では、割れ目噴火を伴うことがある。割れ目噴火では、垂直板状に上昇したマグマが地表を突き破って、カーテン状にマグマを噴きあげる。割れ目噴火は六、九、一四、一五世紀に起こっている。六世紀の割れ目噴火では山頂部が陥没し、直径四キロメートルのカ

空から見た伊豆大島中央部。手前の建物が御神火茶屋、中央やや右が三原山火口。黒いのは1986年の溶岩流。

ルデラができた。九世紀の割れ目噴火では波浮港の原形が、一四世紀の割れ目噴火では流れ出た溶岩によって元町の平坦面ができた。一九八六年の噴火は、噴出量が六〇〇〇万トンの中噴火ではあったが、一五世紀以来の割れ目噴火となった。

ぼくたちはカルデラ縁上にある御神火茶屋から五〇メートルほど下って、平坦なカルデラをしばらく歩く。旧登山道は一九八六年の溶岩で埋まってしまい、新登山道は一九九〇年に開通した。つづら折の登山道脇の崖に長さ三〇センチもある氷柱が多数つらなっている。長めの氷柱を折って拓也とチャンバラごっこを楽しんだ後、試食する。何の味もしない。

二〇分ほど登ると火口展望台に着く。

三原山火口。1986年11月噴火の約1年後、陥没して直径400m、深さ300mの深い穴となっている。

雪は吹き溜まり以外は溶けており、道路もアスファルトで舗装されているので、歩きやすい。日が高く昇るにつれて暖くはなるが、日陰や風が吹くと寒い。拓也は、「寒い、寒い」を連発しているが、足取りは軽く、ぼくは遅れないように登っていく。

火口展望台からの見晴らしはよくないので、一九九八年に開通した火口一周道路を巡ることにした。アスファルト舗装がスコリアを敷いた砂利道に変わり、少しは山歩きらしくなってくる。この道は三原山の火口縁上を一周する道路なので、眺めはすこぶるよい。カルデラ原をへだてて壁のような外輪山、さらに海に向かってゆるやかな斜面が広がり、かなたには三角帽子のような利島が見える。吹き溜まりの堅い雪が道をふさぐ。

「踏み抜いちゃった」

拓也の嬉しそうな声が響く。

三原新山（七六四メートル）の山頂に着く。ここは大島の最高点で、一九八六年噴火の噴出物が積もって約一〇メートル高くなった場所だ。目の前に広がるのは翌一九八七年に陥没した直径四〇〇メートルの火口で、いまだに白煙を上げている。柵から身を乗り出すようにすると、幾層もの溶岩が重なる火口の奥深くまで覗き込める。

遠くに目をやると御神火茶屋が、海越しには天城山がかすんで見える。最高点だけあって、火口展望台よりもずっと見晴らしがよい。今回の記事では、この場所が最初の見開きになる予定だ。飯島カメラマンの撮影にも熱が入る。モデルのぼくたちは、いろいろと場所を移動し、十数カットも撮影される。いつもは撮影する側なので、撮影されるのには慣れていない。カメラアングルを考えて、指示されたポーズをとってじっとしているのは大変だ。撮影に飽きた拓也は、遠くを眺めながらつぶやく。

「今日の昼飯はチャーシュー麵がいいなあ」

割れ目火口を通り過ぎると、一メートル以上もある牛糞状火山弾がいくつも横たわっている。割れ目火口の向こう側には、ここから流れ出たごつごつした赤褐色の溶岩原が広がる。噴火から一〇年以上もたち、溶岩の上にはイタドリなどの植物が侵入しているはずだが、冬枯れているので目立たない。二時間も歩いたために体も温まってきた。青空も広がり、冷たい西風が頬に当たって心地よい。

地層大切断面にて

午後は伊豆大島火山博物館を訪れたあと、南部にある地層大切断面に向かう。地層大切断面は一周道路沿いにあり、一九五〇年代に道路の拡張工事で出現した高さ二〇メートル、長さ一キロメートルもの大きな崖だ。「地層・大・切断面ではなく、地層・大切・断面なんだよ」と故中村一明先生は教えてくれたけれども、今となっては真偽のほどはわからない。

ここには、伊豆大島火山一万四〇〇〇年間の噴火記録が、バームクーヘンのように刻まれている。一つのユニットは百数十年おきに起きた大噴火のテフラ（火山灰）に対応し、約一〇〇ユニット数えられる。一九八六年のような中噴火では島周辺部にはほとんどテフラは残らないから、ずっと大規模な噴火が一〇〇回以上あったということがわかる。地層を丹念に調べたり古文書の記録を解読すれば、当時の噴火のようすを想像できないわけではないけれど、そんな大噴火を実際に見てみたい。しかしそれには人の一生は短すぎる。

そんなことを話しながら、大切断面に沿ってゆっくりと歩く。三時を過ぎて陽はだいぶ傾いて

島の南部にある地層大切断面。

きた。大切断面が風よけになり、照り返しがあるためか、けっこう暖かい。落葉した木々越しに輝く海には、利島の後方に平坦な新島と神津島の島影が重なり、その左には平皿を伏せたような三宅島が浮かんでいる。噴火騒動で無人島となった三宅島は、強い季節風によって東側に長く伸びた白煙をたなびかせている。

地層大切断面の西端までたどり着くと、日没まではあと三〇分足らずである。今日の予定はこなしたので、ゆっくり日没を見ようということになった。太陽が沈む方向には、伊豆半島最南端の石廊崎《いろうざき》が霞んでいる。細かに波打った海面が、きらきらと黄金色の鱗のように輝いている。やがて、まぶしさを感じないほど太陽は低くなった。

口径二〇ミリの双眼鏡で太陽を覗いてみる。ひしゃげた太陽の手前所どころに薄雲がかかり、縞模様になっている。次は五〇ミリＩＳ双眼鏡の登場だ。スタビライザーのスイッチを押すと、しみのような黒点が見える。まもなく日没、ちょうど石廊崎の先端に沈む。拓也に二〇ミリの双眼鏡を渡す。

太陽の三分の一ほどが沈んだとき、太陽上端が緑色に色づいた。はじめて見るグリーンフラッシュだ。グリーンフラッシュは、地平線付近で厚い大気がプリズムの役割を果たし、目に見えやすい緑色が太陽上端で輝く現象だ。太陽が沈む最後の瞬間に見えるものだと思い込んでいたが、そうではないらしい。平べったいレンズ状に伸びたグリーンフラッシュは数秒で消えたが、まだ数秒後に現れる。まもなく輝きを失った。

「グリーンフラッシュが見えた見えた」と拓也が喜んでいる。本当に見えたのかと聞くと「太陽の上の方が途切れて、縮みながら消えたよ」という。どうやら本物らしい。見上げると、先ほどまでは青空の白点のようだった金星が輝きを増してきた。

月夜の露天風呂

昨日、船で十分な睡眠をとれなかった拓也は、夕食後まもなく、着替えずにそのまま寝てしまった。ぼくと飯島カメラマンは、御神火茶屋で星景写真を撮影してホテルに戻った。熟睡している拓也を、露天風呂での撮影のために起こす。

露天風呂での撮影は、宿泊客の利用が終わる深夜一二時からという打ち合わせがホテル側とできていた。屋内の風呂を抜けて露天風呂に行く。さすがに誰もいない。雲一つなく、中空高くに昇ってきた月があたりを冴え冴えと照らしている。しかし、屋内風呂から漏れてくる照明が明るすぎて、月と星空、露天風呂の露出のバランスがとれない。星空を眺めながらゆっくり露天風呂に浸かるというのが天文ファンの夢であるけれど、岩ゴツゴツの露天風呂で星がよく見えるほど照明が暗かったなら、足下が悪くてどんな事故が起こるかわからない。

照明のスイッチがわからないので、飯島カメラマンがフロントに頼みにいく。戻ってくるとまもなく照明が消え、撮影がはじまる。魚眼レンズを使って、縦位置でぼくたちの入っている露天風呂から中空高く昇った月までをとりこむつもりだ。風呂に入ったぼくたちは指示されて、右側へ移動する。すごく熱い。ただでさえ熱めのお湯なのに、お湯の流れ落ちる口のすぐそばなのだ。露出計の読みから、飯島カメラマンが露出時間を決定する。

「一分、二分、五分でいきます。最初は一分からはじめます」

この時間、ぼくたちはぶれないようにじっとしていなければならない。熱い風呂が苦手な拓也は、騒ぎはじめるが、どうすることもできない。

「遊びで来たんじゃないんだ。今ここで動かずに撮影されることが、拓也の仕事なんだから我慢して入っているしかないだろう」そうやっていい聞かせるしかない。シャッターが閉じるごとに、ぼくたちは風呂から飛び出て、零度近い外気で体を冷やす。しばらくすると次の撮影開始だ。飯島カメラマンは素足で寒そうだ。

五分もの露出の最中、何もしないと耐え難い熱さだ。しかたなく一四年前の、拓也が生まれる半年前の御神火茶屋で見た噴火のようすを語った。

「一九八六年の一一月一九日、御神火茶屋は報道陣や警察、噴火見物にやってきた観光客が入り交じってのお祭り騒ぎだったんだ」

「ふ〜ん」

「火口原からあふれた溶岩は三原山からゆっくりと流れ落ちていた。民宿から借りてきた毛布に身をくるみ、仲間と一緒に徹夜でデータを集めていた。火山学を勉強していてこんなに幸せなことはないと思ったよ」

拓也の返事はなく、空のあちこちを眺めている。西空にはおおぐま、こぐま、ふたご、ぎょしゃなど賑やかな冬の星々が沈もうとしていた。暗さに慣れてきた目には、からす、おとめ、うみへびなどの春のつつましやかな星々が見えはじめた。

空から見た波浮港。

波浮の港

午前七時半、カーテンの隙間から差し込む陽光で目が覚める。拓也を起こし、三人で一階のレストランに朝食をとりにいく。今朝の船で着いたばかりの人々が約二〇人、すでに朝食をとっている。窓からは三原山がよく見える。天気は高曇りだ。昨日は好天に恵まれ、重要なシーンの写真は撮影済みなので、もう心配することはない。飯島カメラマンと相談して、南部の波浮の港に行くことに決める。

カルデラ壁上にある大島観光ホテルから元町に下り、一周道路を二〇分ほど走ると差木地《さしきち》の椿トンネルを通る。道の両側には樹齢一〇〇年を超える椿のごつごつした大木が二〇〇メートルにわたって並び、七部咲きである。まもなく波浮港を見下ろす展望台に着く。

波浮港の原形は、九世紀頃の割れ目噴火でマグマが海岸にまで達し、水蒸気爆発の結果できた爆裂火口である。一七〇三年の地震で海とつながり、のちに秋広平六の削掘で良港となった。切り立った火口壁には爆発で噴き飛ばされた五〇センチ以上の角礫が積み重なり、火口ができた当時の噴火の激しさを物語っている。

ぼくが大島に来るのは、いつも地質の調査や撮影のためだ。今回は時間もあるので、港まで下りて昔のたたずまいを覗いてみることにする。小説『伊豆の踊り子』では、薫が住んでいたのが波浮港という設定になっている。漁船の停留場を過ぎると、長屋のような二階建ての木造建築が、火口壁と海との間の狭い道の両側に五〇メートルほど並んでいる。所どころに食堂などはあるが、すべて閉まっていて、人通りもなく死んだようだ。戻って長い階段を昇り、高台にある豪勢な漁師の邸宅、旧甚の丸邸を訪れた。明治時代の建物で、はるか栃木からもってきた大谷石の塀やナマコ壁が印象的だ。中は太い柱の頑丈なつくりで、一階は住居、二階は蚕部屋になっている。一階の広間では主人が宴席をもうけ、薫のような芸人を呼んだらしい。『伊豆の踊り子』は中学生のときに読んだっきりだったので、再び読み直し、こうやって現地のようすを実際に見ると、きれい事だけではない当時のようすがうかがわれた。

東海汽船は、風の向きなどによって、西部の元町港か北部の岡田港のどちらかの港に着く。来たときは岡田港だったが、出発は元町港となる。帰りは、元町から熱海までは高速船シーガルで約一時間。三連休の初日とあって、桟橋は来島客であふれんばかりだ。あんこ姿のおばさんや出迎えの島民も威勢がよい。

シーガルの船尾から離れゆく大島を眺めた。元町のすぐ上に連なる一九八六年噴火の火口列がよく見える。いつのまにか空全体が薄曇りになっている。シーガルがスピードを上げる。みるみるうちに大島は小さくなり、霞んでしまった。

千畳敷カールの流れ星

しし座流星群を見にいく

観測地を決める

「やっぱり、中央アルプスの千畳敷にしよう」　そう決めたのは一日前の一一月一七日の夕方だった。

二〇〇一年一一月一九日明け方、しし座流星群の大出現が予測されている。そのため、数か月前から観測地をどこにするかを迷っていた。東空高くに昇ったしし座から流星が放射状に流れるので、観測地は東側に光害のない場所がよい。東京からだと富士山あたりが気軽に行けるのだが、東空は東京の光害がすさまじくて最高の条件ではない。また、夜中に数多くの自動車が登ってきて、一瞬のヘッドライトで十数分もの長時間露出中の流星写真をだめにされることだってある。

ぼくが今回選んだ観測地は、いずれも東側に光害がなく視界のよい木曽山脈（中央アルプス）の駒ヶ岳千畳敷カールと伊豆大島御神火茶屋の二か所だ。一か月前、千畳敷カールにはホテル千畳敷の宿泊を予約。同時に伊豆大島には往復航空券の予約。最終的には前日の天気予報で判断・決定し、他方をキャンセルすればよい。どちらも自宅からは直接車で行くことのできない不便な場所である。ということは、自動車のヘッドランプに邪魔されることなく落ち着いて観測できるということでもある。

一七日夕方の天気予報では、一九日早朝は関東地方南方海上に低気圧があり、高気圧が西方から接近してくるらしい。伊豆大島の予報は曇り。長野県南部の予報は晴。やはり千畳敷だ。

拓也と祐貴を連れていく

今回は、一人で見にいくことに決めていた。友人とガヤガヤやりながら眺めるのは楽しいのだが、直前の観測地変更などには対応しにくいし、気配りもしなければならない。楽しさは半減するかもしれないが、今回はしし座流星群の写真撮影に専念したかった。もちろん天候やさまざまな条件でよい写真は撮れないかもしれない。しかし、自分でできることは、最善の状態にしておきたかった。

一七日の夕食時、妻に今回の日程を話すと、

「拓也は、あした（日曜）授業参観日だから、授業は一時間で一〇時には戻ってくるわよ。月曜は代休」

とのことだ。偶然とはいえ、しし座流星群を見にいって下さいというような話である。一週間後に期末試験が控えているが、いつも直前でさえほとんど勉強しないので、一泊二日の流星観測行きは問題はない。

「ひょっとしたら世紀の大流星雨が見られるかもしれないぞ。だまされたと思って行かないか」

とぼくが誘うと、いつもながらの

「どうしようかなあ」

というはっきりしない答え。それでもぼくは執拗に誘う。三〇分後には、拓也も行くことに決まった。

納まらないのは二女の祐貴である。長男拓也（中二）と長女真央（中一）が小学生の頃は家族旅行をよくしたのだが、ここ数年は二人が大きくなってしまったので、家族旅行をする機会がめっきり減ってしまった。好奇心が旺盛な祐貴はかわいそうなことに、最近どこにも連れていってもらえない。千畳敷は、ロープウェイの終点駅がそのままホテル千畳敷という宿舎である。山登りもなく、宿舎のすぐ前で流星群が見られるので、夜の安全も確保されている。最初は乗り気でなかったが、祐貴があまりにもしつこくせがむので、最後には

「よし、行ってもいいぞ」

と折れると、祐貴はスキップをして部屋中を跳びまわった。

実は今回、拓也を熱心に誘ったのは、流星雨を楽しんでもらうだけではない。だいたいの荷造りはできていたが、ぼく一人ではカメラ三台、三脚二台、赤道儀一台その他で合計三〇キログラムまでしか運べない。撮影計画をいろいろ練っていると、あと赤道儀一台と魚眼レンズ付中判カメラをもっていく必要が出てきた。拓也が来てくれれば、これらの撮影機材合計二〇キログラムをさらにもっていくことができるし、撮影の助手もやってもらえる。……これで準備は万全である。

しし座流星群

流星とは、宇宙空間に漂う流星物質が地球大気に衝突するときに発する光跡のことだ。流星物質の重さは大部分が数十グラム以下だから、大気中で燃え尽きて消滅してしまう。

流星物質は、母彗星によってまき散らされる。母彗星が数十回も太陽のまわりを回っていると、その軌道上に流星物質が集中するチューブ、ダストトレイルができる。ダストトレイルと地球の軌道が交差した場所を地球が通過するとき、空の特定の場所から多くの流星が放射状に出現する。この場所の星座名をとって、ペルセウス座流星群、しし座流星群、ふたご座流星群のように呼ばれる。

母彗星の近辺には流星物質が数多く集中するので、母彗星が地球軌道と交差した直後に、流星数は増える。しし座流星群の母彗星は公転周期三三・二年のテンペル‐タットル彗星で、三三年ごとに流星が大出現することで知られている。実際、一八三三年一一月一三日明け方に北アメリカでは一時間あたり一万個、一九六六年一一月一七日明け方には同じく北アメリカで一時間あたり一五万個もの流星が出現している。このようになれば、まさに雨のように流星が降りそそぐので、流星雨と呼ばれている。

最近のテンペル‐タットル彗星の地球軌道との交差は一九九八年二月で、同年一一月一八日未明にも流星雨が見られると期待され、新聞やテレビでも華々しく報道された。

一九九八年一一月一七日午後一〇時、ぼく、友人二人、息子の拓也の計四人は、日光の霧降高原スキー場駐車場に到着した。当日の月齢は二八・七の新月直前で、月明かりの妨げはない。しかし、曇っていた。深夜一二時過ぎると車がどんどん上ってきて、駐車場はあっという間に満車になってしまった。入りきれなくなった車が道路に数百メートルも並び、渋滞となった。そんな情況の中、ぼくたちは雲間に十数個の流星しか数えることができなかった。晴れたところでも一時間あたり四〇個程度しか現れず、予想とはあまりにもかけ離れていた。おまけに深夜、道に不慣れで寝不足のドライバーが日本中に多数出現したために、交通事故が多発し、数件の死亡事故も報告された。

アッシャーらの予測

流星の大出現の予測がはずれるのは、一九九八年のしし座流星群に限ったことではない。一九七二年のジャコビニ流星群でも、同じような混乱が起きている。

しかし、天文学も進歩している。北アイルランド・アーマー天文台のデビッド・アッシャーとオーストラリア・サイディングスプリング天文台のロバート・マクノートは、ダストトレイルと木星との共鳴現象、八つの惑星による重力の乱れ（摂動力）を計算に加えて、ダストトレイルの進化を計算した。その結果、彼らは、一九九八年のヨーロッパでの火球による流星雨の出現、一九九九年一一月一八日のヨーロッパ・アフリカでの大出現、二〇〇〇年一一月一七日〜一八日の小出現を数十分の誤差でことごとく当ててしまった。もっとも出現数については数倍の誤差はあったが……。同じような方法で計算したフィンランドのリティネンらも予測に成功している。

アッシャーらの予測によると、二〇〇一年一一月一八日二時二一分には一六九九年に形成されたダストトレイルと交差、予想ZHR九〇〇〇、同日三時一九分には一八六六年に形成されたダストトレイルと交差、予想ZHR一五〇〇〇。ここでZHR（天頂出現数 zenith hourly rate）は、「ある流星群に対し、六等星まで見える夜に、その放射点が天頂にあると仮定した場合、観測できる仮想の流星出現数」である。当日の月齢三・六、午後九時には月は沈んでしまい、月明かりによる妨げはない。二つの予想出現ピーク時は、しし座が高く昇った日本が世界最高条件の観測地となる。

アッシャーらのピーク予測数はZHR一五〇〇〇である。ここで注意しなければならないのは、ZHRはピーク時の出現数を一時間あたりに換算した数値ということである。もし、ピークが一〇〜二〇分しかないと、実際に一時間で見ることのできる流星数はかなり減ることになる。また放射点高度が低いほど、実際に観測できる流星数は少なくなる。日本の光害の情況を考慮すれば、四等星程度しか見えない場所で眺める人が多いかもしれない。さらに一九九八年の反省も加わっ

千畳敷カールにて、筆者と祐貴・拓也。

て、今回の平均的なテレビや新聞の報道は「一時間あたり平均数百個、場合によっては一〇〇〇個以上の流星が出現することが期待されます」というようにだいぶトーンダウンしたものであった。

木曽駒ヶ岳千畳敷カールへ

東京・浅草の自宅を午前一〇時出発、首都高と中央高速道が空いていたために駒ヶ根ＩＣには午後二時着。近くのコンビニで夜食などを調達し、駒ヶ根橋駐車場に着いたのは午後二時半。ここから先は、自家用車通行禁止なのでバスに乗り換える。バス一台がようやく通れる急な曲がりくねった道を二〇分上って、ロープウェイのしらび平駅着（標高一六六二メートル）。

三時発のロープウェイの乗客はぼくたちを含めて八人しかいなかった。八分で標高二六一二メートルの山頂駅に着く。すれ違いの下山客は多いのだが、駅と同じ建物にある千畳敷ホテルのフロントはひっそりしている。ようやく出てきたフロント係に聞いてみると、今夜の宿泊客は二〇人ほどという。天文ファンで満員かと心配したが、そうではないと聞くと少し淋しくもなる。フロント係の男性は、ぼくたちの重装備を見て天文ファンとわかったらしく、

「お部屋からはしし座の流星群がよく見えますよ」

と加えた。

案内された部屋は八畳間の和室だった。南東向きに窓があり、ホテル前のテニスコートほどの広場の向こうは断崖絶壁である。まさに流星群の観望にはうってつけの場所で、これなら祐貴は部屋から眺めるだけでもよさそうだ。

ところで、カールとは氷河で削られてできたスプーンでえぐったような地形のことである。もちろん現在の日本には氷河はないが、一〇万〜一万年前の最終氷期には、日本の高峰は厚さ数百メートルの氷河で覆われていた。木曽駒ヶ岳の千畳敷カールもそのときの氷河に削られてできた地形で、カールの底が広いので千畳敷と呼ばれている。

まだ、陽も残っているので、観測地探しを兼ねてカール底を散策することにした。すでに雪は多いところで一〇センチもあり、あと一〜二週間もすればすっかり雪化粧することだろう。拓也に手をつないでもらいながら、祐貴は慣れない雪道を危なげについてくる。雪のないところに、

高さ一〇センチもある霜柱を見つけて大はしゃぎだ。森林限界を超えているので灌木しかなく、三方をとりまくように岩峰が露出し、その中でもひときわ高く宝剣岳（二九三一メートル）がそびえている。その向こう側には主峰駒ヶ岳（二九五六メートル）があるはずだ。祐貴にとってははじめて体験する高山である。

カール底を一周したが、結局最適の観測場所はホテル前の広場だった。ここから谷は南東に伸びているために視界をさえぎるものはないが、それほど広いわけでもない。今回は赤道儀を二台もってきた。地球は自転しているので恒星は移動する。このため、普通の三脚にカメラを固定したまま長時間撮影すると、恒星は流れて写る。赤道儀は恒星を追尾する装置で、赤道儀にカメラを載せて撮影すると恒星は点像に写る。こうすると流星は線状に、恒星は点状に写るので、流星がわかりやすい。しかし、赤道儀は北極星が見えないとセッティングできない。いつのまにか最適な場所を先取りされてしまうと困るので、広場の北東端とその一五メートル下側の二か所に早めに三脚をセットした。

夕食は、豪華だった。木曽牛の鍋物あり、蕎麦あり……で、好き嫌いが多い拓也と祐貴はだいぶ残してしまったが、ぼくは全部たいらげてしまった。この宿舎は二六一二メートルという高所にありながら、山小屋ではなく普通の旅館である（ホテルという名前はついてはいるが）。このような高所に旅館が建っていられるのは、日本最高所のロープウェイ駅があるからだ。ロープウェイは通年営業で、そのため千畳敷ホテルも一年中営業しており、自家発電でない電気も、広い風呂もあり、食料も簡単に下から運べる。実は、口径三〇センチの反射望遠鏡を備えたドームまであるのだが、過酷な自然条件のために維持管理が難しく、こちらの方は休業中であった。

撮影の打ち合わせ

夕食後は、ぼくと拓也の機材の分担を決め、撮影の打ち合わせをする。今回の機材は、左記の通りである。キヤノン・イオス1V＋二十四ミリF1・4レンズ、キヤノン・イオス1V＋五〇ミリF1・4レンズ、ペンタックス645NⅡ＋35ミリF3・5レンズ、ペンタックス67Ⅱ＋35ミリF4・5対角魚眼レンズ。このうち、はじめのカメラ三台を一台の赤道儀に載せて拓也の担当とし、最後のカメラ一台を別の赤道儀に載せてぼくの担当とする。フィルムはフジクローム400Fを四倍増感して使う。

二四ミリレンズ付イオスにはインターバルタイマー付のレリーズがついており、自動的に露出を開始・終了し、一定の休止後、再露出をはじめる。今回は一分五五秒露出、五秒休止を繰り返すことに設定したので、最初にスイッチを押せば、最後のフィルムの巻き上げまで全自動である。五〇ミリレンズ付イオスには普通のレリーズしかないので、拓也が一分五五秒露出、五秒休止を繰り返すことになる。ペンタックス645NⅡはレンズが暗いので、露出時間は七分三〇秒ごとである。このカメラも拓也が時間を計って、シャッターの開閉を繰り返す。二台のカメラのシャッターの開閉のタイミングが異なるので、拓也の役割は重要である。この三台のカメラは、フィルム自動巻き上げである。

ぼくの担当は、魚眼レンズ付ペンタックス67Ⅱである。この中判カメラは、フィルム巻き上げも、シャッターの開閉もすべて手動である。突発的な現象が起きたときでもすばやく対応できるように、このカメラだけは別の赤道儀に載せることにした。二台のイオスに撮影時刻などをカメラ内部のメモリーに自動的に記録できる。残り二台のカメラの撮影データ記録はぼくの役割だ。

部屋に撮影機材を広げ、フィルムを抜いたカメラで実際に操作や手順を何回か確認する。拓也はいつになく真剣な表情だ。終わると午後八時を過ぎていたので、拓也と祐貴は仮眠することにした。窓から外を眺めるとかなり雲がかかっていて、星は見えない。しかし時間はまだ十分にある。ぼくは二台の赤道儀をセッティングするために外に出た。夕食前に置いた三脚には、すでに霜がついて真っ白になっている。

セッティングが終わって、宿に戻り横になったが、なかなか眠れない。幾度か外に天気を見にいく。眼下には駒ヶ根市の街明かりが広がっている。雲の高度が下がり、満天の星が見えてきた。しかし流星は、一つも流れない。

撮影

午後一一時半、拓也を起こす。これから五時間の勝負がはじまる。撮影が開始すると、カメラのそばにずっといなければならず、宿に戻ってくることはできない。じっとしていると体が冷える。ぼくはオーロラ観測用に買った極寒用ダウンパーカーの上下を着込む。二重に靴下を履いてから長靴を履く。ぼくよりじっとしている時間の長い拓也も似たような服装だが、靴はカナダのソレール社のマイナス四〇℃まで大丈夫という耐寒ブーツを履く。これだけ着込むには一五分もかかり、ムクムクに着膨れした二人ができあがった。

一二時一〇分、外に出る。これだけ着ていると寒さはまったく感じない。気温はマイナス五℃ぐらいだろうか。下段にセッティングした赤道儀にカメラを三台とりつける。レンズはすでに無限遠に合わせてあり、ピントリングをテープで固定してある。霜取り用カイロをレンズにとりつける。それぞれのカメラの構図を確認。〇時三三分、露出開始。カシッ、カシッ、バシッという音とともに星の光の蓄積がはじまる。二分後、拓也はインターバルタイマー付イオスのシャッター開閉に合わせ、もう一台のイオスのシャッター開閉もうまくこなす。赤色ダイオード表示の時計が、モニター音を響かす。ピィッ、ピィッ、ピィッ、ピィッ、ツー、ピィッ、……。

パタン、七分半後にペンタックス645のシャッターが閉じる。すぐさま拓也が、レリーズボタンを押して露出を再開。……。どうやら拓也にまかせても大丈夫そうだ。

ぼくは、石ころだらけの二〇段ばかりの階段を昇り、宿の前にセッティングした赤道儀のところに行き、魚眼レンズ付ペンタックスの構図を決める。地平線をぎりぎりに入れるが、ファインダーが暗いのでなかなか構図が決まらない。オリオン座をフレームの右上端に入れ、フレーム下端を水平線に合わせてようやく露出開始。露出時間は一五分だ。

暗闇に目が慣れてくると、暗い星まで見えてくる。天頂には、ぎょしゃ座の五角形、冬の淡い天の川が天頂を横切って南東から北西に星空を二分する。今年は、明るい一等星が多い冬の星空に木星と土星も加わっているので、たいそう賑やかだ。ようやく流星が頻繁に流れはじめた。一分間に十数個だろうか。南天・東空の低高度に多く流れる。真東の地平線から高度二〇度ほどが、東京や甲府の街明かりでぼんやりと明るい。その光芒の中にようやくしし座のレグルスが見えてきた。

一時一五分、一回目のフィルム交換。拓也の赤道儀のカメラ三台のフィルムを交換する。いずれのカメラにも一〇枚以上のフィルムが残っていたが、出現ピーク時刻でのフィルム交換を避けるために、早めの交換とする。二台のカメラの構図を変える。一時二一分、再び露出開始。すでに数秒ごとに流星が流れている。視野の端の北斗七星やおおいぬ座の方に明るい流星が流れているのがぼんやりと見える。

しし座流星雨

上段の宿前に戻って、日周運動で動いた魚眼レンズの構図を元のように地平線に合わせて、露出を再開。ようやくホテルから数人が出てきた。しばらくするとその数は一〇人以上にもなっていた。三脚にカメラをつけて写真を撮る人。肉眼でゆっくりと眺める人。家族連れもいる。夕方ロビーで見たときには登山の格好をしていたので、流星群を見にきたのではないと思っていたが、どうやら彼らは登山を兼ねて流星群を見にきた人たちらしい。この宿からは、木曽駒ヶ岳まで約三時間で行って戻ってくることができる。一一月中旬とはいえ、まだ雪がわずかしかないので、ストック程度でも大丈夫そうだ。彼らは登山を終えてゆっくりと仮眠をしてから、ピーク時刻に合わせて出てきたのだろう。

下段に戻る。こうやって上下を行き来しているとけっこう忙しい。二台のペンタックスの露出開閉時刻もフィールドノートにつけなければならない。

「わっ、すごい」

ミニライトでノートを照らしながら記入していると、拓也の歓声が聞こえる。拓也はじっとしているせいか、頭が寒いらしい。ぼくの厚い毛糸帽子と交換した。テルモスの緑茶を勧めるが、

「今はいいよ」

と答える。代わりに寒さで硬くなったチョコレートを頬張りはじめた。

流れる流星の数が増えてきた。先ほどまで少なかった天頂を流れる流星もある。拓也は、大ざっぱな流星の出現数を勘定している。一秒に数個流れるときもあれば、数秒間流れないときもある。

「平均一秒間に一個流れているとすれば、一時間に三六〇〇個だね」

「まだ放射点の高度が低いから、それを補正すれば一時間あたり一万個近いかもしれないなあ、アッシャーの予測は当たっているぞ」

「祐貴にも見せてあげなきゃ」

祐貴は一時頃に一緒に見ただけですぐ部屋に戻ったので、寝てしまっているはずだ。

「そうだなあ。起こして呼んでこい。でもなるべく早く戻ってこいよ」

あと二分でフィルム交換の時間だ。その間はシャッター係の拓也はいなくてよいから好都合だ。ギュルルル、二台のイオスが三六枚の撮影を終えて自動巻き戻しをはじめる。合わせてペンタックス645も一一枚撮ったところでフィルムを巻き上げる。イオスのフィルム交換はすぐ終わったが、暗いミニライト下でのペンタックス645のフィルム交換は手こずる。二時四三分、ようやく三台のカメラの露出再開。これで四時までフィルム交換しなくてすむから、ピークの時間はカバーできるはずだ。

拓也がなかなか戻ってこない。二四ミリレンズ付イオスが二コマ目の露出をはじめた。それに合わせて、五〇ミリレンズ付イオスのレリーズを押す。三コマ目の露出がはじまったところで、拓也と祐貴のシルエットがホテルの出口に現れた。

やってきた祐貴は、まだ寝ぼけ眼で、赤道儀の脇にある木のベンチにちょこんと座った。すでに高く昇ったしし座の大鎌の方を見ている。大鎌の中に短く明るい流星が輝く。木星よりも明るいからマイナス四等はあるだろうか。輝きを失っても、煙のような痕はなかなか消えない。

「どうだい」

と尋ねると、

「たくさん流れているね～」

と返事をするだけである。まだ小学校三年の祐貴には、今どういうものを見ているかということがよくわかっていないらしい。一〇分もたつと足踏みをはじめて

「寒い、寒い」

といいはじめた。祐貴は、一応ダウンを着ているとはいっても、普通の冬の格好だ。寒いのも無理はない。

「じゃあ、私は布団をかぶって部屋の窓から見るから」

といって戻ってしまった。

流れる流星の数は、ゆっくりとではあるがさらに増えたような気がした。時計を見ると三時一

五分。いよいよアッシャーらのピーク予想時刻が近づいた。いつのまにかぼくたちから五メートルほど離れて、黄色いヤッケを着た男が三脚を立て、もくもくと写真を撮っている。無理に話しかける理由もないので、会話はない。視野の両端に明るい流星が流れる。振り向くと、消滅直前の赤い輝きが見える。最後に爆発したように明るく赤く輝くものもあれば、途中で分裂したように流星が平行して流れるものもある。数からいえば放射点から下側、地平線から二〇〜三〇度のところを流れる明るい流星も多い。さらに低い高度は東京や甲府からの街明かりや大気のチリなどで見にくいが、暗い流星がたくさん流れている。

流れている流星は、じっとしている恒星よりは見にくい。先ほどから毎秒いくつもの暗い五〜六等級の流星が放射点の付近を流れているように見えるが、数が多すぎるので錯覚かもしれない。

「お父さん、うしろ、うしろ」

拓也の声に振り向くと、宝剣岳の黒々とした岩峰の上を、長さ三〇度以上もの大流星が流れている。しばらく天頂を向いていると、今まで見ていた東空よりもはるかに長大な流星が、ときどき流れている。ぼくたちの視界は左右一五〇度、上下九〇度ほどで十分広いと思っているが、全天を流れる流星の数分の一しかとらえていないことになる。静まったかと思うと、一つの流星が消える前にいくつもの流星が流れることもある。

「今は、三つ同時に見えたね」

しし座流星群。印刷ではわかりにくいが、約80個の流星が写っている。

「拓也、見たか、今のは六つ同時で新記録だ」

流星はどんどん流れるが、感覚のまひとは恐ろしいものだ。一〇分間に一〇〇〇個近くの流星が流れているが、それでも一秒あたりにすれば二個弱である。

「一九六六年のアメリカではこの一〇倍もの流星が流れたんだよ。そのくらいでないと雨のようには見えないなあ」

「次の三三年後はどうなの」

と拓也は尋ねる。

「三三年後は地球と母彗星の位置関係が悪くて、流星雨は見られないそうだ。そうすると次の六六年後だけれど、その頃にはお父さんはとっくに死んでしまっている。拓也もよぼよぼの爺さんで目も悪くなっているだろうから、孫にでも今夜のことを教えてあげることしかできないかもしれない。今夜は、白

オリオン座、おおいぬ座、こいぬ座付近を流れるしし座流星群。

尾家に末代まで伝わる伝説の夜になるかもしれないなあ」

「頭が痛い。寒くてもうこれ以上は無理だよ」

「足踏みをして動きまわれ。あと少しだ」

「少しってどのくらい」

「あと一五分して四時になれば次のフィルム交換だ。そうしたら、もう宿に帰ってもいいから」

カメラバックについた温度計を見たらマイナス一五℃を示していた。三時五八分、イオスの自動巻き戻し音が聞こえる。

「よし、戻っていいぞ。よくやった」

すでに隣にいた黄色ヤッケの男も、宿前にあれだけいた人たちもいなくなっている。ぼくだけになった。二台のイオスは順調に作動しているが、ペンタックス６４５は電池容量不足のインジケーターが点滅している。試しにシャッターを切ってみると、ミラーが上がりっぱなしになっている。寒さのために電池が上がってしまったようだ。ペンタックス６４５の撮影は打ち切ることにする。

薄明の中で

四時三分、二台のイオスが最後の露出をはじめる。見上げるほど高くなったしし座のあたりがうっすらと明るく、東空の東京や甲府の街明かりとつながっている。さっきまで街明かりの延長だと思っていたのは、実は黄道光だった。黄道光は、惑星の通り道に広がった流星物質のなれの果ての姿である。日本で黄道光を見るのは、槍ヶ岳に登ったとき以来だから五年ぶりになる。黄道光はしし座のあたりでもかなり明るく、冬の天の川ほどの明るさがある。その下側ではさらに明るくなって、微光星が黄道光に埋もれてしまっている。

大都会の光害の上にわずかに傾いて立ち上がる黄道光。南天から直立する冬の天の川。その中をいくつもの流星が流れる。これほど広い範囲は魚眼レンズしかカバーできない。上段に戻って魚眼レンズ付ペンタックスのフレームを直して一五分露出を繰り返す。少し風が出てきた。空気が乾燥しているせいか、レンズの霜つきはまったくない。

四時五二分、魚眼レンズ付ペンタックスの最後の一〇コマ目が終了。ちょうど東南東の地平線が薄明でうっすらと明るくなってきた。フィルムを詰め替えても次の一コマは、星空が薄明で埋もれてしまうだろう。流星はまだまだ流れているが、これで魚眼レンズ付ペンタックスの撮影は終了としよう。

下段に移ってベンチに腰掛けながら、あとわずかの流星雨を眺める。三時台前半にピークはあったようだが、ピークはそれほど鋭くなく、いまだに多くの流星が流れている。〇等級の明るい流星が一分間に数個も流れる。五時一三分、二台のイオスのフィルム巻き戻し音が低くうなる。

すでに薄明は天頂付近にまで忍び寄っている。これで終わりだ。

カメラをはずしてバックに詰め込み、赤道儀と三脚を分解する。手袋をしたままだとやりにくいが、マイナス一五℃にも冷えた金属部分を素手でさわるわけにはいかない。四台のカメラ、二台の赤道儀、二つの三脚を一人で撤収するには、宿との間を何回も往復しなければならず、けっこう時間がかかる。

五時三〇分、ようやく最後の三脚だけが残った。頭上のしし座あたりの四等星は消えつつある。東には、今まで見にくかった南アルプスの三〇〇〇メートル級の山々の山影がはっきりしてくる。

日本第二の高峰北岳のなだらかな稜線、その三〇度南には南アルプス越しに富士山の山頂部が霞んで見えている。北岳の富士山の間の稜線のすぐ上に、昇ったばかりの赤い金星が輝きを増している。白んでゆく空に溶け込むように流星の数は減ってゆく。見納めのときがきた。三脚を担ぎ上げ、階段を昇りはじめると、明るい流星が続いて三つ、カール壁をかすめるように流れた。

あとがき

天文少年であった私は、高校時代のアポロ月着陸をきっかけに地質学に興味をもって大学に進み、さらに惑星表面を形づくる火山や隕石孔にも興味をもつようになりました。私の撮影が、火山、隕石孔、天体、地質、地形を対象としているのは当然のなりゆきともいえます。幸いこの分野の撮影者が限られていることもあって、撮影はなんとか現在まで続けられています。このように撮影の旅を続けているのは、写真が好きなことはもちろんですが、実は本物を見てドキドキしてみたいと思うからでもあり、カメラはそのための道具にすぎないのかもしれません。

撮影の一方で、写真には写すことができないものが多いと感じるようになったのは、いつ頃からでしょうか。噴火での溶岩の熱・地震動・刺激臭、オーロラの激しい動き、全天を覆う流星雨、そしてそれらを前にしての不安や期待感、さまざまな人たちとの出会い……。そんな思いから、写真には写すことのできないもの、しかし残しておきたいものを機会あるごとに文章にして雑誌に掲載してきました。

本書は、一九八九年から二〇〇一年までの隕石孔、火山、天体撮影の旅をまとめたものです。すでに雑誌に掲載したもの七編に、書き下ろし四編を書き加えました。多少の困難を乗り越えて現地に立ち、五感を研ぎ澄まして地球の鼓動や悠久の営みを肌で感じることは、最近はやりのバーチャルリアリティー（仮想現実）よりも、何百倍も素晴らしいことではないでしょうか。本書をきっかけとして一人でも多くの方に、実際にフィールドに出て、地球の素晴らしさを体験していただければと思います。

本書をつくるにあたっても、多くの方々のお世話になっています。特に林信太郎、飯島裕氏には旅に同行していただき、川口雅也、小松美加、高田裕行氏には雑誌掲載時にたいへんお世話になりました。また、掲載記事を本の形にまとめるのを強くすすめてくれたのは地人書館の永山幸男氏で、書き改めるにあたっても有益なアドバイスをいただきました。以上の方々に深く感謝いたします。

今こうしてでき上がった本を読み返してみると、書いた当時とは現地のようすも私を取り巻く環境も、少しずつ変わってきたことが感じられます。しかし「未知のものを見てみたい」という気持ちは、変わりません。私の旅はこれからも続きます。

二〇〇二年五月　　白尾元理

初出誌一覧

赤い大地の隕石孔……『SKY WATCHER』一九八九年一二月号

「オーストラリアに二つの隕石孔を訪ねて」に加筆修正

メテオールクレーター……『SKY WATCHER』一九九七年一一月号

「シューメーカー博士と歩くアリゾナ隕石孔」に加筆

噴火を続けるクラカタウの島々……『UP』一九九四年三月号

「インドネシアの火山を訪ねる」に加筆

神の山「オルドイニョ・レンガイ」……『ニュートン』一九九八年九月号

「黒い溶岩を流す不思議な火山〝レンガイ〟」に大幅加筆

地中海のかがり火……書き下ろし

夕闇に光る赤い火……書き下ろし

潜水艇で見る火山……書き下ろし

コックピットからの大彗星……『SKY WATCHER』一九九七年三月号

「ヘール‐ボップ彗星を追って」に加筆

星空を駆け巡るカーテン……『SKY WATCHER』二〇〇〇年八月号

「アラスカでオーロラを見る」に加筆
月夜の露天風呂……『星ナビ』二〇〇一年四月号
「大島で星に触れる」に加筆修正
千畳敷カールの流れ星……書き下ろし

（ストロンボリ・オン・ライン）

夕闇に光る赤い火――ハワイ
町田洋・白尾元理（1998）『写真でみる火山の自然史』東京大学出版会
中村一明（1978）『火山の話』岩波新書
（この2冊は伊豆大島も扱っている）
http://wwwhvo.wr.usgs.gov/
（米国地質調査所ハワイ観測所）
http://www.nps.gov/havo/visit.htm
（ハワイ国立公園）

潜水艇で見る火山――三宅島
中田節也他（2001）特集号「三宅島2000年噴火と神津島・新島付近の地震活動」『地学雑誌』Vol.110

コックピットからの大彗星
渡辺潤一（1997）『ヘール・ボップ彗星がやってくる』誠文堂新光社

星空を駆け巡るカーテン
上出洋介（1999）『オーロラ―太陽からのメッセージ』山と渓谷社
デイビス, N.著, 山田卓訳（1995）『オーロラ』地人書館
http://www.gi.alaska.edu/cgi-bin/predict.cgi
（アラスカ大学のオーロラ予報）

月夜の露天風呂――伊豆大島
川辺禎久（1998）「伊豆大島火山地質図」《火山地質図10》地質調査所
http://www.izu-oshima.or.jp/
（伊豆大島観光協会のホームページ）

千畳敷カールの流れ星――しし座流星群
長沢工（1997）『流星と流星群』地人書館
http://www.arm.ac.uk/leonid/
（英国アーマー天文台のしし座流星群ホームページ）

各ホームページのURLは2002年5月1日現在.

参考文献と関連するホームページ

赤い大地の隕石孔

Milton,D.J.他(1972) Gosses Bluff impact structure, Australia. *Science*. Vol.175, No.4027, pp.1199-1207.

http://www.nt.gov.au/paw/parks/alice/henbury.html
（ヘンバリークレーター）

http://www.marssociety.org.au/jnt-db/Australia.html
（オーストラリアの隕石孔のホームページ，ゴッシズブラフとヘンバリークレーターも掲載されている）

メテオールクレーター

Mark,K.(1987) *Meteorite Craters*. Univ. Arizona Press.

Levy,D.H.(2000) *Shoemaker by Levy*. Princeton Univ. Press.

http://www.barringercrater.com/
（バリンジャークレーター＝メテオールクレーター）

噴火を続けるクラカタウの島々

Simkin,T. and Fiske,R.S.(1983) *Kurakatau 1883*: *Volcanic eruption and its effects*. Smithsonian Inst. Press.

http://www.volcano.si.edu/gvp/volcano/index.htm
（米国スミソニアン博物館の火山ホームページ．世界中の火山の概略や数か月前までの活動情況を調べられる）

神の山「オルドイニョ・レンガイ」

諏訪兼位（1997）『裂ける大地アフリカ大地溝帯の謎』講談社

Bell,K. and Keller,J.(1995) *Carbonatite Volcanism*: *Oldoinyo Lengai and the Petrogenesis of Natrocabonatites*. Springer-Verlag.

http://www.mtsu.edu/~fbelton/lengai.html
（アマチュア火山家の個人ホームページ）

地中海のかがり火——ストロンボリ

小山真人（1997）『ヨーロッパ火山紀行』ちくま新書

http://www.educeth.ch/stromboli/index-e.html

火山とクレーターを旅する

地球ウォッチング紀行

2002年 6月10日　初版第1刷

著　者　白尾元理
発行者　上條　宰
発行所　株式会社 **地人書館**

162-0835 東京都新宿区中町15
電話: 03-3235-4422　FAX: 03-3235-8984
e-mail: KYY02177@nifty.ne.jp
URL: http://www.chijinshokan.co.jp
郵便振替口座: 00160-6-1532

印刷所　平河工業社
製本所　イマヰ製本

ISBN4-8052-0705-1 C3044